"卓越农林人才教学培养计划"项目实践教材

家具数字化加工技术

何正斌　赵小矛　编著

中国建材工业出版社

图书在版编目（CIP）数据

家具数字化加工技术 / 何正斌，赵小矛编著 . --北京：中国建材工业出版社，2016.12
ISBN 978-7-5160-1710-4

Ⅰ.①家… Ⅱ.①何… ②赵… Ⅲ.①家具—生产工艺—数字化 Ⅳ.①TS664.05-39

中国版本图书馆 CIP 数据核字（2016）第 277689 号

内 容 提 要

2014 年，我国家具产值为 1.4 万亿，位居各行业产值前列，但由于我国人口红利的逐渐消失，消费者对家具质量的要求越来越高，再加上日益激烈的国际竞争形势，我国大部分企业的现有家具加工方式已不适应行业发展。目前，国际上提出工业 4.0，对制造业进行第四次工业革命，我国政府为了让我国成为制造强国，也相应提出了"互联网＋"和"中国制造 2025"，并在我国的十三五规划中重点提出了向着"智造业"发展，大力推进智能化生产。

为了顺应时代的需求，本书针对我国传统家具生产制造模式的不足，从基础的家具材料和结构入手，通过对机械加工基础、家具数字化加工背景下的门店接单、定制生产、中国传统家具数字化加工以及数字化加工过程中生产工艺的改善等进行较全面、系统的阐述，为家具数字化加工技术提供一定的思考和借鉴。

本书内容不仅包括理论知识，还引入了实例项目，适用于工业设计、家具设计与制造专业的课堂教学，也适合作为家具行业在职人员的培训教材。

家具数字化加工技术

何正斌　赵小矛　编著

出版发行：中国建材工业出版社
地　　址：北京市海淀区三里河路 1 号
邮　　编：100044
经　　销：全国各地新华书店
印　　刷：北京雁林吉兆印刷有限公司
开　　本：787mm×1092mm　1/16
印　　张：10.75
字　　数：260 千字
版　　次：2016 年 12 月第 1 版
印　　次：2016 年 12 月第 1 次
定　　价：**50.00 元**

本社网址：www.jccbs.com　　微信公众号：zgjcgycbs
本书如出现印装质量问题，由我社市场营销部负责调换。联系电话：(010)88386906

前　言

我国是家具生产、消费和出口大国，但随着全球经济与科技的快速发展、我国人口红利向人才红利转变和消费者对个性化的不断追求，现有的家具生产模式已不能满足时代的发展了。同时，由德国引领的以"智能工厂、智能生产和智能物流"为主题的工业4.0革命正在全球制造行业内掀起一股革命的热潮，全球制造业竞争格局正在发生重大变化，我国家具制造业面临巨大挑战的同时也迎来了转型升级、创新发展的重大机遇。

本书从基础的家具材料和结构入手，通过对机械加工基础、家具数字化加工背景下的门店接单、定制生产，中国传统家具数字化加工以及数字化加工过程中生产工艺的改善进行较全面、系统的阐述，为家具数字化加工技术提供一定的思考和借鉴。

本书适合于木材科学与工程专业、家具设计与制造及与木制品制造相关的各专业学生使用，其他专业亦可参考。全书共分为6章，具体包括：家具材料和结构、机械加工基础、家具数字化加工背景下的门店接单、家具数字化加工背景下的定制生产、中国传统家具数字化加工以及数字化加工过程中生产工艺的改善。其中第1章由何正斌（北京林业大学）主要编写；第2章由何正斌、赵小矛（北京林业大学）主要编写；第3~4章由何正斌（北京林业大学）主要编写；第5章由何正斌、高俊主要编写；第6章由何正斌、曲丽洁主要编写。

感谢张宇、赵紫剑、王振宇、张佳利、邹云荣、蔡娟在全书材料收集和整理过程中的辛勤工作。感谢金田豪迈木业机械有限公司为本单位提供的软件及资料。感谢"卓越农林人才教学培养计划"项目的资助。

书中引用了木制品生产工艺学、家具生产工艺学、家具材料学、木材干燥、机械制造工艺学及木材学、精益生产管理及生产实务等方面的图书及文献资料，以及各数字化加工相关软件和资料，在此向相关作者及单位表示感谢。书中的错误或不妥之处，欢迎提出批评指正。

编　者
2016 年 12 月

目　　录

第1章 家具材料与结构

1.1 家具材料

在家具设计和制造的范畴里，家具材料是指用于家具主体结构制作、家具表面覆面装饰、局部粘接和零部件紧固的与家具相关的各种材料总称。家具材料涉及的范围十分广泛。

任何家具都是为了一定的功能目的而设计制作。因此功能构成了家具的中心环节，是先导，是推动家具发展的动力。在进行家具设计时，首先应从功能的角度出发，对设计对象进行分析，由此来决定材料结构和外观形式。家具材料应与该家具所承担的功能相适应，即需要具有一定的强度，能够承担该家具所需要的承重载荷，具有相应的强度极限值。材料自身的装饰效果与家具设计的风格息息相关，不同材料具有迥然不同的材料语言，其独特的质地和肌理决定了家具产品的特殊美学效果，家具的材质美决定了作品的自然风韵和特殊艺术感染力。

材料对于家具的最大贡献在于，它赋予了其必不可少的结构强度、适用性或舒适性以及特有的美学观赏价值。只有掌握了各种家具材料的特点和性能，才能够真正驾驭材料，才能实现家具设计风格和制作。

家具材料的外在特性主要包括：材料的肌理、色彩和光泽、透明性、平面花式、质地美感、外形尺寸等。家具材料的内在特性主要包括：密度、强度、尺寸稳定性、弹性、延展性、收缩性、防水防潮性、防腐防虫性、耐久耐候性、表面性能、工艺性以及 VOC 含量等。

根据家具材料不同的自然属性，可分为：木材及木质复合材料、竹材和藤材、金属、塑料、玻璃、纺织纤维织物、皮革、石材、胶黏剂及涂料等。其中，木材及木质复合材料、金属和塑料是三大基础家具材料。该分类方法的特点是，材料属性的界限严谨、清楚，对于新材料的兼容性好，而且便于从根本上分析材料的基本性质和应用规律，也方便教学内容的系统性和连贯性，因此，在应用材料科学研究领域，常采用这种分类方法。

1.1.1 木材

作为天然可再生的生物材料，木材在材料语言的表现力、生产的机械加工性以及家具制品的使用性等方面都非常优异。即使在材料科学高速发展的今天，新型材料层出不穷，依然没有一种材料能够完全替代木材。木材是最重要的家具材料，材色美观柔和，纹理变化自然丰富，密度硬度适中，而且取材方便，易于加工。从古到今，木材及其木质材料都是家具材料的主体。

木材的种类很多，一般可分为针叶材和阔叶材。针叶树为裸子植物，常绿树。树干高大通直，纹理顺直、材质均匀，耐腐性较强，膨胀变形程度较小。一般材质相对较软，固又称软材，易加工。常用的家具用木材中，属于针叶材的主要有：软松（红松、华山松等）、硬松（马尾松、樟子松等）、落叶松、柏木、冷杉、云杉和杉木等。阔叶材为被子植物中的双子叶植物，落叶树。树干通直部分相对较短，一般材质较硬，固又称硬材。特点：密度大、强度高、干缩湿胀后的变形和翘曲程度大、易开裂，纹理和色彩变化丰富，具装饰美，常被用于家具材料。常用的家具木材中，属于阔叶材的主要有：水曲柳、榆木、樟木、械木、栎木、核桃楸、水青冈、榉木和柚木等。

木材宏观构造是指在肉眼或放大镜下所能观察到的构造和外貌特征。木材的颜色、气味、光泽、纹理结构及花纹也列入宏观构造的范畴。木材是一种天然有机体，细胞是组成木材的基本单位，其细胞组成决定了木材的各种性质，对木材的加工工艺和木材产品的特性也有着很大的影响。木材的化学组成中有四种元素：碳、氢、氧、氮。木材的主要组分包括纤维素、半纤维素和木质素，他们是构成细胞壁的主要物质，次要组分为抽提物和灰分，主要以内含物的形式存在于细胞腔中。

木材的优点包括：质轻强度高、容易加工、电声传导性小、天然色泽和美丽花纹、木质环境学特性等。木材的缺点包括：干缩湿胀性、各向异性、变异性、天然缺陷、易受虫菌蛀蚀和燃烧等。

1.1.2 木质人造板

人造板是以木材或其他植物纤维为主要原料，经过机械加工先将原料分离成为各种结构单元材料（单板、刨花或碎料、纤维），再施以胶粘剂（或不加胶粘剂）和其他添加剂，最后在一定的温度和压力条件下压制而成的板材、型材或模压制品。目前，我国家具生产制造中，常用的人造板品种主要有胶合板、细木工板、纤维板和刨花板等。

人造板的特点：幅面尺寸和厚度范围大，尺寸稳定，变形小，质地均匀，利用率高，表面平整光洁，易于进行各种形式的机械加工和表面装饰加工，物理力学性能良好。采用人造板生产的板式家具结构简单大方、造型新颖时尚，可以满足当代人快节奏、多变化的生活方式对家具产品的时代潮流需求。另外，人造板在许多性能上优于天然木材，这种板材既保持了天然木材的一些基本特点，又克服了木材的一些固有的天然缺陷。木质材料的发展适应了人们的生活需求，同时也在一定程度上缓解了木材利用与森林资源匮乏之间的矛盾。

1.1.2.1 胶合板

胶合板是采用一定长度的木段，经旋切成为一定厚度和幅面尺寸的单板（片状薄板），在其表面涂布一定量的胶粘剂，再按照相邻层单板纤维纹理相互垂直的方式浸渍组坯，最后在一定的温度和压力下压制而成的3层或3层以上的板材（一般为奇数层）。由于胶合板变形小，幅面大，施工方便，横纹抗拉性能好，广泛用于家具制造（如橱、柜、桌、椅等）、室内装修（如天花板、墙裙、地板衬板等）、工程建筑（如混凝土模板、建筑构件等）、车船制造、包装等行业。

胶合板的构成原则包括对称原则、层间纹理排列原则、奇数层原则。（1）对称原则：胶合板在对称平面的两边层数应相同，对称层的单板在厚度、树种、含水率、纤维方向及制造方法（旋制、刨制、锯制）等都必须相同，以使胶合板的各种内应力保持相对平衡，以防翘曲变形。（2）奇数层原则：单板为奇数的胶合板，其对称平面必定与中心板的对称平面相重合；单板为偶数的胶合板，其对称平面则是胶层。实验证明，胶合板弯曲时最大水平剪力作用于对称平面上，因此偶数层胶合板弯曲时，其最大剪应力不是作用在木材上，而是作用在胶层上。现在，一般生产胶合板的胶黏剂，其胶层的抗剪强度小于木材的抗剪强度，故偶数层胶合板的强度比奇数层胶合板差。所以，一般多层胶合板其单板层数都为奇数。（3）单板的厚度原则：实验证明，单板越薄，层数越多，胶合板的质量越好，其在顺纹和横纹两个方向的抗拉强度越趋于一致。但在实际生产中，单板厚度要受到机床加工精度、生产效率、产品成本等各方面因素的限制，不可能生产单板太薄、层数太多的胶合板。所以，对厚度和层数要根据产品的用途作出合理选择。胶合板的最外层单板称为表板，正面的表板称为面板，反面的表板称为背板，内层的单板称为芯板或中板，其中与表板长度相同的芯板称为长芯板，比表板长度短的芯板称为短芯板。

胶合板的分类方法很多，通常根据胶合板的结构和加工方法可以分为普通胶合板和特种胶合板两大类。普通胶合板仅由奇数层单板根据对称原则组坯胶合而成，是产量最多、用途最广、结构最为典型的胶合板产品。普通胶合板按胶种的耐水性可分为以下4类。

（1）Ⅰ类胶合板（NQF）也称耐气候、耐沸水胶合板。这类胶合板是以酚醛树脂胶或其它性能相当的胶黏剂胶合制成，具有耐久、耐煮沸或蒸汽处理和抗菌等性能，能在室外使用。

（2）Ⅱ类胶合板（NS）也称耐水胶合板。这类胶合板是以脲醛树脂胶或其它性能相当的胶黏剂胶合制成，能在冷水中浸渍，能经受短时间热水浸渍，并具有抗菌性能，但不耐煮沸。

（3）Ⅲ类胶合板（NC）也称耐潮胶合板。这类胶合板是以低树脂含量的脲醛树脂胶或其它性能相当的胶黏剂胶合制成，能耐短期冷水浸渍，适于室内常态下使用。

（4）Ⅳ类胶合板（BNC）也称不耐潮胶合板。这类胶合板是以豆胶或其它性能相当的胶黏剂胶合制成，在室内常态下使用，具有一定的胶黏强度。

在家具生产中常用的胶合板为Ⅱ、Ⅲ类。

胶合板大量用于房屋装修、家具制造和商品包装等方面。在家具工业中胶合板为传统的结构材料，现在胶合板的应用范围越来越广，如各种柜类家具的门板、面板、旁板、背板、顶板，各种抽屉的屉底和屉帮以及成型板部件，如折椅的背板、面板，沙发的扶手，圆台面的望板，染色单板或薄木等。

刨制薄木贴面的胶合板，具有美丽的纹理，多用在家具制造、车厢、船舶内部的装修等方面；用钢、锌、铜、铝等金属薄板覆面的胶合板，强度、刚度、表面硬度等都有提高，常用于箱、盒、冷藏器及汽车制造等工业中；表面贴花纹美丽的纸和布的胶合板，既美观又遮盖了木材表面的缺陷，可直接用于室内装饰及家具、车厢、船舶等的装修。

1.1.2.2 纤维板

凡是用采伐剩余物和木材加工中的废料如枝桠、截头、板皮、边角等或其它植物纤维作为主要原料，经过机械分离成单体纤维，加入少量胶黏剂与适量添加剂（防水剂），搅拌均匀，制成板坯，通过热压作用使互相交织的纤维之间自身产生结合力，或加入胶黏剂重新组合成的人造板，称为纤维板。

纤维板具有结构单一、干缩性小、幅面大、表面平整、隔音和隔热性能良好等优点，在家具工业中也得到了广泛的应用。

纤维板的分类方法很多，常见的分类如下。

(1) 按照密度的不同可分为硬质纤维板（高密度的纤维板）、半硬质纤维板（中密度的纤维板）和软质纤维板（低密度的纤维板）。其中以中密度的纤维板，在板式家具中应用最为普遍。硬质纤维板：密度在 $0.8g/cm^3$ 以上的纤维板，结构均匀，强度较大，表面不美观，易吸湿变形。主要做成薄板，用于建筑、车辆、船舶、家具等方面的制造。中密度纤维板：密度在 $0.4 \sim 0.8g/cm^3$ 的纤维板，强度较高，抗弯强度为刨花板的 2 倍，表面平整光滑，便于胶贴和涂饰，不存在天然缺陷和离缝、叠层等加工缺陷，切削加工（锯截、开榫、开槽、磨光等）性能良好，类似天然木材，可以雕刻、镂铣，板边也可以铣削成型面，可以不经过封边而直接涂饰。软质纤维板：密度在 $0.4g/cm^3$ 以下的纤维板，密度不大，物理力学性质不及硬质纤维板，主要在建筑工程中用于绝缘、保温、吸音等方面。

(2) 按生产方法分可分为湿法纤维板和干法纤维板。湿法纤维板，在整个生产过程中，原料均为湿性状态，并在制板工序以前加入大量的稀释水，使原料的含水量很高，故称湿法。湿法生产的最大缺点是在制板过程中，为了除去板坯中的水分，需耗费很大的热量，并有大量污水产生。但湿法纤维板的生产一般不加胶黏剂或加少量胶黏剂，主要用水作介质，纤维分布均匀，强度大，防水性好。由于在生产过程中纤维含水率高，需垫网板脱水，所以制成的产品为一面光板，另一面呈网格状。干法纤维板，在整个生产过程中，尽量使原料保持很低的含水量（仅在原料中含有若干水分），特别在制板成型时，原料的含水率很低（基本上是干纤维），故称干法。干法生产的工序较一般湿法简单，也没有污水产生。由于其不需垫网板脱水，所以产品为两面光板。干法纤维板的耐水性和强度不如湿法纤维板，且在生产中需要用一定量的胶黏剂，产品成本较高。

纤维板是产量很大的一种人造板，过去主要被用作家具的背面材料，如柜类家具的背板，抽屉的底板以及其它不出面的部件。现在，由于发展了表面二次加工，如直接印刷木纹及覆贴薄木、装饰板、装饰纸等，使纤维板也可以用作低、中档家具的板式部件。中密度和高密度纤维板可作硬木家具内部构件。这类产品既轻、强度又相当好，因此，在工业中也有很广阔的用途，例如，用作生产壁橱、厨房盖板、防震性建筑等的结构材料。

1.1.2.3 刨花板

刨花板，是利用木材加工废料、小径木、采伐剩余物或其它植物秸秆等为原料，经过机械加工成一定规格形态的刨花，然后施加一定数量的胶黏剂和添加剂（防水剂、防火剂等），经机械或气流铺装成板坯，最后在一定温度和压力作用下制成的人造板。

刨花板幅面大，品种多，用途广，表面平整，容易胶合及表面装饰，具有一定强度，机械加工性能好，但不宜开榫和着钉，表面无木纹，但经二次加工，复贴单板或热压塑料贴面以及实木镶边和塑料封边后等就能成为坚固、美观的家具用材。

刨花板的分类方法很多，主要介绍两种。

（1）按刨花板的结构分可分单层、三层、多层和渐变结构几种。

单层刨花板：在板的厚度方向上，刨花的形状和大小完全一样，施胶量也完全相同。这种刨花板表面比较粗糙，不宜直接用于家具生产。

三层刨花板：在板的厚度方向上明显地分为三层。表层用较细的微型刨花、木质纤维铺成，且用胶量多；芯层刨花较粗，且用胶量少。这种刨花板强度高、性能好、表面平滑，易于装饰加工，可用于家具生产。

多层刨花板：在板的厚度方向上刨花明显地分为多层（三层以上）。这种板的稳定性和强度均匀性都较三层板好，但所需的铺装设备多，成本高，国内较少生产。

渐变刨花板：在板的厚度方向上从表面到中心，刨花逐渐由细到粗，表层、芯层没有明显界限。这种板的性能与三层刨花板相似，也可用于家具生产。

（2）按制造方法分有平压、辊压、挤压等三种类型。

平压法刨花板，刨花板的板坯平铺在板面上，所加的压力应垂直于刨花板平面。这种方法可以生产单层或多层结构的刨花板。多数刨花排列平行于板面，所以在板平面的纵横向力学强度较好，且力学性质均一。板的长、宽方向吸水后膨胀变形小，但在厚度方向膨胀变形较大。平压法又可分为间歇式平压法和连续式平压法两种。间歇式平压法使用单层热压机或多层热压机，周期性加压。其产品规格随热压机压板的板面尺寸而确定。连续式平压法使用履带式压机和单层压机连续加压。其产品宽度随压机的压板宽度而定，长度不受限制，可以按需要来截断。

辊压法刨花板，刨花也是平铺在板面上，板坯在钢带上前进，然后经过回转的压辊压制而成。同平压法一样，其压力方向垂直于板面，特别适宜于生产 1.6～6mm 厚的特薄型刨花板。

挤压法刨花板，用这种方法生产的刨花板，其平面上强度较小，纵横向力学性质差异大，吸水后长宽方向膨胀变形大，厚度方向膨胀变形较小。挤压法刨花板在使用上有一定限制，目前已逐渐淘汰。挤压法所用的设备分卧式挤压机与立式挤压机。在立式挤压机上可以制出空心刨花板，主要用于建筑方面。

刨花板从综合利用木材、节约自然资源来看，具有重大意义，近年来得到了充分发展。1m³ 刨花板可代替 3m³ 原木使用，而生产 1m³ 刨花板，却只需 1.3～1.8m³ 废料。显然，刨花板为板式家具提供了广泛的基材，对家具工艺结构的改革起了积极的促进作用。随着刨花板表面加工的不断改进，其用途越来越广，现已被公认为是一种适用于生产各种家具优质材料。

1.1.2.4　细木工板

细木工板是用宽度、厚度相等，但长短不一的小木条胶合而成的板，若在其两面胶贴 1～2 层单板或薄木，经加压可制成覆面细木工板。

覆面细木工板和实木拼板相比较，它具有结构稳定、不易变形、木材利用率高；幅面大、表面美观、力学性能好等特点。与刨花板、纤维板相比较，具有美丽的天然木纹、质轻、有弹性强、握钉力好等优点。其生产设备比刨花板、纤维板、胶合板的简单，耗胶量低，密度小。所以，是生产实木家具的优良原材料，应用十分广泛。

（1）按覆面细木工板芯板结构的不同可分为芯板木条不胶拼与胶拼两种。芯板为木条胶拼的覆面细木工板，是在等厚、等宽木条的侧面涂上胶经加压胶合成板坯，然后再经两面刨光和胶贴单板或薄木而制成。这种板的特点是表面平整度好，力学强度较高，但耗胶量较大。芯板木条不用胶拼的覆面细木工板，其芯板结构有两种形式：一种是四周排长木条，中间排短木条；另一种是做好框架，然后在框架内填充短木条。两种芯板的木条侧边都不涂胶。芯板排好后，在其上下各覆贴1～2层涂胶单板或薄木，然后加压而成。这种板制造工艺较简便，生产成本较低，板面较平整，但抗剪切与抗弯曲的强度较低。

（2）按表面加工状况可分为单面砂光覆面细木工板；两面砂光覆面细木工板。

（3）按所使用的胶黏剂不同可分为I类胶覆面细木工板；II类胶覆面细木工板。

覆面细木工板已被广泛应用于家具制作，建筑和室内装修等。覆面细木工板为实木材料，具有木材的优异性能，又具有幅面大、材性稳定等特点，所以成为家具工业中的理想材料。覆面细木工板主要用于制造中、高级板式家具，也是室内装饰装修的优质材料。

1.1.3　竹材和藤材

竹材是制作家具的传统材料之一，它的特性是具有坚硬的质地，其抗拉、抗压的力学强度均优于木材，有韧性和弹性，不易折断。竹材通过高温和外力的作用，能够做成各种弧线形，可丰富家具的基本造型。一般家具使用竹材做骨架和编制构建，易被虫蛀、易腐朽、易吸水、易开裂等缺陷，适合湿度大而偏暖的地区使用。北方由于气候干燥，竹家具易开裂而散架。竹表面可进行油漆、刮青、喷漆等处理。

藤材在家具生产中，可用来缠绕骨架和编织藤面制成藤家具，也可编织成座面、靠背和床面等。藤饱含水分时，极为柔软，干燥后又特别坚韧，所以可缠绕牢固，编制的座面、靠背和床面坐卧舒适，经久耐用。藤的原料主要为广藤、土藤和野生藤等，同时还有各种塑料藤条在藤家具中广为应用。

1.1.4　金属

金属家具的问世可以追溯到第一次世界大战后，当时，交战国的建筑物大多毁于战火，而木材作为国家建设和民用建筑重要物资极为短缺，相反，钢材却成了剩余物资，人们重建家园急需家具，就开始想到利用钢材来制造一些轻巧的家具。1925年，德国包豪斯工艺学校的著名建筑设计师布劳耶，从自行车中受到启发，发明了用一根铁管弯曲而成的、连续的悬臂式扶手椅，并经过镀镍而制成世界上最早最典型的钢管椅，开创了金属家具制作之先河。从此，世界各地相继开始生产金属家具。

凡以金属管材、板材或棒材等作为主构架，配以木材、各类人造板、玻璃、石材等制造的家具和完全由金属材料制作的铁艺家具，统称金属家具。按家具构件所用材料分类可将金属家具分为全金属结构家具、金属与木材结合的家具、金属与其他非金属材料结合的家具。此外，以金属为主要构件的家具主要涉及到柜类、桌类、床类、椅类和架类，以上五类金属家具产品目前均已占领市场，随着科学技术的进步，随着人们环保意识的增强，会有更多种类型的金属家具产品，满足人们生产和生活的各项需求。

金属家具在结构、性能和加工工艺等方面都有着独特的特征。金属家具常用的金属材料为工业材料，机械性能优异，因此，金属家具常采用薄壁管材或薄板材作构件。在金属家具制造中，除了利用金属材料的良好机械性能外，还经常巧妙地运用金属材料的良好加工性能，如可塑性和可焊性，还可进行铸造、锻造、模压等多种方法加工。金属材料不会因气候变化导致变形开裂，但在制造过程中，必须采取切实可靠的防止氧化锈蚀等表面处理措施。由于金属材料不会像木材那样容易干缩湿胀，尺寸稳定，因而易于提高构件的精度，使构件具有良好的互换性。金属家具的制造工艺过程简单、自动化程度高，生产效率高、适合于大批量生产。金属家具适宜采用拆装、折叠、套叠、插接等结构，除了焊接外还可使用铆钉、螺钉连接，零部件、构件、连接件可以分散加工，互换性强，有利于实现零、部件的标准化、通用化、系列化。

金属家具制造所用材料以合金为主，尤其是铁碳合金，合金一般具有更好的机械性能。最常用的合金有铁碳合金、铝合金和铜合金等。金属材料是一种刚性材料，是相对于木材等自然材料而言的一种现代材料。在造型特点上，不仅具有直线型的刚毅，也不失曲线型的柔美，严肃庄重而不显臃肿、冰冷坚毅而不失温情、厚重纯朴而不失精巧、历史沧桑而不失现代前卫。

1.1.5　玻璃

玻璃是重要的家具材料，它特有的性能，使其在增加和改善家具的使用功能和适用性方面、美化家具方面起到不可忽视的作用。玻璃具有丰富的表现力，它既可产生视觉的穿透感，也可产生隔离效果；既有晶莹剔透的明亮，也有若隐若现的朦胧；既可营造温馨的气氛，也可产生活泼的创意。作为家具材料，玻璃常被镶嵌在各种柜门上，或透明、或磨砂、或镶花、或者干脆就是一面镜子；都是利用了玻璃的一些基本特性，并作为以木材、金属等材料为框架的围护或装饰等辅助材料使用。随着科技的发展，玻璃的制造工艺提高很快，现在也出现了很多全部用玻璃制作的家具，拓展了玻璃的适用范围和玻璃家具的前景。

玻璃是一种硅酸盐制品，它是以石英砂、纯碱和石灰石等无机氧化物为主要原料，在高温下（1550～1600℃）熔融，成型后又经过冷却而成的固体材料。玻璃具有无定形非结晶结构，为各向同性的均质材料。玻璃的主要化学组成是 SiO_2（含量 72% 左右），Na_2O（含量 15% 左右），CaO（含量 9% 左右）。此外还有少量的 Al_2O_3 和 MgO 等，这些氧化物对玻璃的性能起十分重要的作用。

玻璃的化学性质稳定性高，可抵抗除氢氟酸以外所有酸类的侵蚀，硅酸盐玻璃一般不耐碱。玻璃遭受侵蚀性介质腐蚀，也能导致变质和破坏。大气对玻璃侵蚀作用实质上是水气、二氧化碳、二氧化硫等作用的总和。

玻璃的物理力学性质：密度是表征玻璃的重要物理量，不同品种的玻璃密度相差很大。普通玻璃的密度约为 $2.5g/cm^3$。玻璃的密度随温度升高呈现下降趋势，但受压力的影响较小。玻璃强度是其抵抗机械破坏的能力，一般用抗张、耐压、抗弯、抗冲击强度等指标表示；其大小与组成、表面和内部状态、温度、热处理条件等因素有关。玻璃的抗拉强度较弱，抗压强度较强，且抗压性能远优于抗拉性能；硬度高，比一般金属硬，普通刀具无法切割，与陶瓷类似，也是脆性材料。

玻璃的热性质：玻璃是热的不良导体，玻璃的导热性差，只相当于钢铁材料的 1/400，一般承受不了温度的急剧变化。制品幅面和厚度越大，产生的内应力越大，热稳定性越差。温度急变时，将使玻璃体产生很大的温差，存在温差的部位，会产生不同的热胀冷缩结果，导致玻璃体内产生热震应力。

玻璃的光学性能是其最主要的特性之一，普通平板玻璃可透过可见光的 80～90%，紫外线不能透过，但红外线较易通过。使用玻璃作为家具材料，往往是因其特有的通透感以及由此产生的其他效果，为其他家具材料所不及。

玻璃是均质非晶态材料，由于生产工艺等因素的影响，可能会出现各种夹杂物破坏玻璃的均匀性，产生缺陷。玻璃体缺陷降低玻璃的各项性能，使其使用功能下降，严重影响玻璃的装饰效果。同时，还给玻璃的进一步深加工造成障碍，以至出现大量废品。玻璃体缺陷按状态主要有气泡（气体夹杂物）、结石（固体夹杂物）、疙瘩、波筋等。

玻璃的表面加工和装饰对提高其装饰性、改善适用性具有重要意义。常用技术主要包括：（1）通过表面处理控制玻璃的表面凹凸，使之形成光滑面或散光面，如：玻璃的蚀刻、磨光与抛光。（2）改变玻璃表面的薄层组成，以得到新的性能，如：表面着色和表面离子交换等。（3）用其它物质在玻璃表面形成薄层而得到新的性质，如：表面镀膜。（4）用物理或化学方法在玻璃表面形成定向力层以改善玻璃的力学性质，如：钢化。

家具中最常见的玻璃材料，主要是平板玻璃和热弯玻璃两大类，通常是家具的平面部分用平板玻璃，曲面特殊造型部分用热弯玻璃。平板玻璃是指未经其他加工的平板状玻璃制品，也称白片玻璃或净片玻璃。按生产方法不同，可分为普通平板玻璃和浮法玻璃。热弯玻璃是为了满足现代建筑的高品质需求，由优质玻璃经过热弯软化，在模具中成型，再经退火制成的曲面玻璃。

1.1.6 塑料

塑料是可塑性材料的简称，具有许多优良的物理力学性能和装饰性，在家具设计与制造中已被广泛应用，目前已经成为家具材料的主要成员之一。主要特点包括可塑性好（易切削和塑制成型）、质轻、防腐、防蛀、隔音、绝缘、绝热、价格低，制造成型方便，而且花色品种繁多、装饰效果好。但也存在易老化、易燃、着火时发烟等缺点。

塑料是以合成树脂或天然树脂为主要成分，适当加入各种添加剂，在一定温度和压力下成型，冷却后可保持形状的一类材料。塑料按其受热时的性能可分为热塑性塑料和热固性塑料。热塑性塑料是分子结构由线型或有支链的线型分子组成，可以反复多次加热熔融成型，基本上不会改变性能，加热熔融时只发生物理变化而不发生化学反应。热固性塑料只能压制成型一次，不能反复多次成型，未成型加热前，是具有反应能力的线型初聚物或单体分子；加热成型时，发生化学交联反应，形成网状结构的立体分子而固化，成为一种不溶物。

塑料的特性包括相对密度较低、比强度高、耐化学腐蚀性好等。塑料的相对密度为 0.9～2.0，大大低于金属或玻璃等材料，使用塑料零部件替代金属件可使整体质量减少，有利于运输，提高运载能力。尼龙、聚碳酸酯、聚甲醛、环氧树脂和酚醛树脂等塑料采用玻璃纤维增强后的制品，共比强度为铸铁的 5～10 倍，甚至超过合金钢，寿命也更长。塑料有一定的耐酸碱性能，可制成耐腐蚀输送酸碱的管道和容器。聚四氟乙烯（PTFE）耐腐蚀性最好，可耐氢氟酸和王水的侵蚀。塑料电阻率高，为工业上优良的电器绝缘材料，常用于电线、电缆绝缘及护套级材料。此外塑料的电绝缘性好，具有良好的透明性、着色性、装饰性、良好的可塑性和机加工性，生产过程节约能源，产品消耗资源也较少。

塑料的组成包括树脂、填料、增塑剂、稳定剂、润滑剂、固化剂、着色剂、抗静电、阻燃剂以及其它添加剂。常用的热塑性树脂有聚氯乙烯（PVC）、聚乙烯（PE）、聚丙烯（PP）、聚苯乙烯（PS）、聚醋酸乙烯酯乳液（PVAC）、聚碳酸酯（PC）、聚甲基丙烯酸甲脂（PMMA）；常用热固性树脂有酚醛树脂（PF）、氨基树脂（UF，MF）、不饱和聚酯树脂（UP）、环氧树脂（EP）、聚氨酯（PU）。填料的作用是改善和提高塑料的性能，降低塑料成本。常用的有机填料有木粉、棉花、纸张等，无机填料有滑石粉、石墨粉、碳酸钙、粘土、云母、硅藻土、玻璃纤维和玻璃布等。增塑剂可提高塑料的弹性、粘性、可塑性、延伸率，改进低温脆化性和增加柔性、抗震性能。但会降低塑料制品的机械性能和热性能，其选用应据具体要求确定。常用的增塑剂有邻苯二甲酸脂类、磷酸脂和聚脂类等。稳定剂用于抑制塑料制品受光、热和氧气等作用发生降解而使性能降低。如：光稳定剂、热稳定剂、抗氧化剂等。常用的稳定剂有：环氧化物、水杨酸脂、羟基苯甲酚、硬脂酸盐等。润滑剂可增加塑料加工时的流动性，并使脱模方便，还可提高制品的表面光洁度。常用润滑剂有高级脂肪酸及其盐类，如硬脂酸钙等。固化剂可加速分子的交联，使之成为坚硬的塑料制品。加入固化剂的种类应根据树脂的类型，如：脲醛树脂的固化剂为氯化铵类化合物；环氧树脂的固化剂为胺类、酸酐类化合物；而酚醛树脂的固化剂则可选用甲基四胺。着色剂提供塑料的色泽以增加其美观和功用，一般包括有机染料和无机染料。抗静电剂作用是在塑料表面增加其导电性，使摩擦时产生的静电迅速释放，防止积累，所以，要求电绝缘的塑料制品不应进行防静电处理。在树脂等塑料原料中加入阻燃剂可以减缓或阻止塑料的燃烧。阻燃剂的类型不同，作用机理不同，常见的阻燃作用机理主要是：吸热效应、覆盖效应和稀释效应。为了某种特殊用途，可加入其他一些添加剂，如加入金属微粒可制成导电塑料；加入磁铁可制成磁性塑料；加入发泡剂可制成泡沫塑料；加入发光材料可制成发光塑料；加入香脂类可制得香味塑料；加入玻璃纤维可制成增强塑料等。

塑料的成型方法包括模压成型（压塑法）、注射成型（注塑法）、挤出成型（挤压法或挤塑法）、压延成型、层压成型、浇铸成型（浇塑法）、发泡成型。模压成型是将粉状、粒状或纤维状的塑料放入热模具（成型温度）型腔中，闭模后加热加压，使其流动并充满型腔，固化后，开模取出制品。注射成型是以螺杆或柱塞为推动力，将加热后呈熔融状态的塑料注射入模具，冷却固化后从模具中取出制品。挤出成型是指以螺杆为主要塑化工具，通过口模连续地在螺杆推动下成型的工艺。压延成型是将热塑性塑料加热到一定程度，通过两个以上相互旋转的辊筒间隙，连续成型薄膜或片材。热成型是以热塑性片材为成型对象的二次成型技术，先将片材加工成坯件，再将坯件加热，而后施加压力，使坯件弯曲、延伸，达到一定型样后使其冷却定型，经适当修整即成制品。

家具常用塑料品种包括聚氯乙烯、聚丙烯等。聚氯乙烯（Polyvinyl chloride，PVC），PVC 是世界各国使用量最大的通用型塑料之一，家具常用的聚氯乙烯制品包括 PVC 塑料装饰板、硬质 PVC 透明板、PVC 贴面及封边材料。聚丙烯（Polypropylene，PP）由丙烯单体聚合而成，聚合工艺同低压聚乙烯。常见的聚丙烯家具包括聚丙烯实体家具和聚丙烯发泡家具。

1.1.7 纤维织物与皮革

纺织纤维装饰品的应用历史悠久，是家具覆面装饰与保护的重要材料。合理的选择纺织纤维装饰制品，可以美化家具制品及室内环境。装饰织物用纤维主要是天然纤维和化学纤维两大类。天然纤维包括棉纤维、羊毛纤维、丝纤维、麻纤维。化学纤维中的人造纤维包括粘胶纤维、醋酸纤维、铜铵纤维等；合成纤维包括聚酯纤维（涤纶）、聚丙烯纤维（丙纶）、聚丙烯腈纤维（腈纶）、聚酰胺纤维（尼龙、锦纶）、聚氯乙烯纤维（氯纶纤维）等。

皮革是动物皮经过去肉、脱脂、脱毛、软化、加脂、鞣制、染色等物理、化学加工过程，所得到的符合人们使用目的要求的产品，简称皮革。革与皮不同，革遇水不膨胀、不腐烂、耐湿热稳定性好；革具有一定的成型性、多孔性、挠曲性和丰满度等；革既保留了生皮的纤维结构，又具有优良的物理性能。皮革在家具和室内装饰中主要用于墙面局部软包、门和沙发等家具的包覆材料，具有保暖、吸音、防止磕碰的功能和高贵豪华的艺术效果。

1.1.8 石材

石材是家具制作及室内装饰的重要材料之一，在家具中主要用于台面（含嵌装台面）、椅子背板嵌装以及支柱等处。在家具中最广泛使用的石头是大理石，大理石有引人注目的色彩分布，有美丽的矿脉图案，有玻璃样的光滑，有坚固和耐用的表面。大理石比较坚硬，不易碎裂，还有很多其他特性。大理石的矿脉花纹有沿着矿脉线分裂的趋势，可以嵌入粘合剂。

1.2 家具结构

结构是家具所使用的材料和构件之间的一定组合与连接方式，它是依据一定的使用功能而组成的一种结构系统。它包括家具的内在结构和外在结构，内在结构是指家具零部件间的某种结合方式，它取决于材料的变化和材料技术的发展，如木家具、金属家具、塑料家具、藤家具等都有自己的结构特点。

另外，家具的外在结构直接与使用者相接触，它是外观造型的直接反映，因此在尺度、比例和形状上都必须与使用者相适应。例如座面的高度、深度、后背倾角恰当的椅子可解除人的疲劳感；而贮存类家具在方便使用者存取物品的前提下，要与所存放物品的尺度相适应等。按这种要求设计的外在结构，也为家具的审美要求奠定了基础。

家具的构造是直接为家具的功能性要求服务的，包括家具零部件、整体结构、加工工艺以及装配关系。家具的构造受到经济条件、材料、技术的制约，因此形成了各种不同的构造形式。

1.2.1 实木家具结构

从社会属性角度定义，实木家具是指主要承重构件采用实木构成的家具。从制造技术角度定义，实木家具是指主要承重构件采用具有与实木有相近加工和连接特征的材料构成的家具。现代实木家具已不同于传统意义上的实木家具，本节中的实木家具是指制造技术属性定义的实木家具。

现代实木家具的接合方法主要有榫接合、连接件接合、胶接合、钉与木螺钉接合等。榫头又有整体式榫与分体式榫之分。整体式榫是指榫头与零件成一整体，而分体式榫是指榫头与零件不成一整体。现代家具生产中榫接合一般借助胶粘剂提高接合强度，因此常应用于无须拆卸部位的接合。连接件接合应用于需要拆卸部位的接合（图 1-1）。

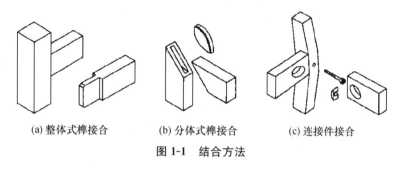

(a) 整体式榫接合　　　(b) 分体式榫接合　　　(c) 连接件接合

图 1-1　结合方法

1.2.1.1　榫结合

1. 整体式榫结合

整体式榫按榫头的形状可分为矩形榫（或称直角榫）、椭圆形榫（或称长圆形榫）、圆形榫、梯形榫（或称燕尾形榫）、U 形榫、指形榫（或称齿形榫）（图 1-2）。

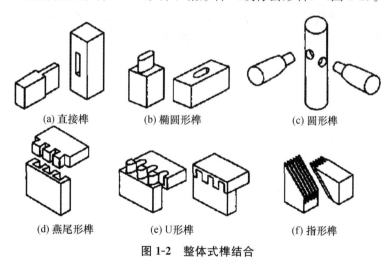

(a) 直接榫　　　　(b) 椭圆形榫　　　　　(c) 圆形榫

(d) 燕尾形榫　　　　(e) U 形榫　　　　(f) 指形榫

图 1-2　整体式榫结合

直角榫接合由榫头与榫眼组成。榫头由榫端、榫肩、榫颊、榫侧组成。榫眼有闭口榫眼和开口榫眼两种，闭口榫眼习惯上就称榫眼，开口榫眼习惯上称榫沟（图 1-3）。根据接合后榫头部分的可见性榫接合可分为明榫、暗榫、开口榫、闭口榫、半闭口榫（或称半开口榫）接合。榫头与榫眼装配后，榫头端面暴露在外表的接合称为明榫接合（图 1-4a）；榫头端面不暴露在外表的接合称为暗榫接合（图 1-4b）；榫头侧面不暴露在外表的接合称为闭口榫接合（图 1-4a、b）；榫头一个侧面暴露在外表的接合称为开口榫接合（图 1-4c）、仅有榫头一个侧面的某些部分暴露在外表的接合称为半闭口榫接合或称半开口榫接合（图 1-4d）。

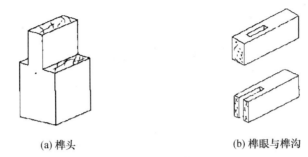

(a) 榫头   (b) 榫眼与榫沟

图 1-3 榫头、榫眼与榫沟

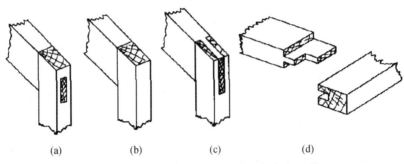

(a)   (b)   (c)   (d)

图 1-4 明榫与暗榫、开口、半闭口与闭口榫

按榫头的个数可分为单榫、双榫和多榫（图 1-5）。按榫头截肩形式可分为单面截肩榫、双面截肩榫、三面截肩榫和四面截肩榫（图 1-6）。

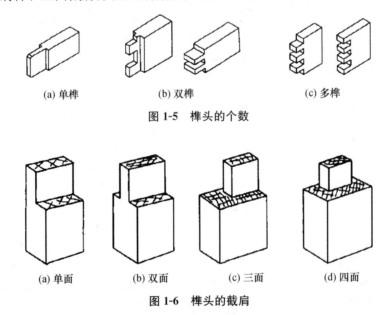

(a) 单榫   (b) 双榫   (c) 多榫

图 1-5 榫头的个数

(a) 单面   (b) 双面   (c) 三面   (d) 四面

图 1-6 榫头的截肩

为了提高直角榫接合的强度，应合理确定榫头的方向、尺寸及榫头与榫眼的配合公差。榫头与榫眼的尺寸定义如图 1-7 所示。榫头与榫眼的尺寸对应关系见表 1-1。

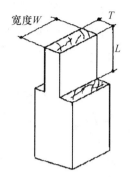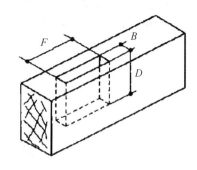

图 1-7 榫头与榫眼的尺寸定义

表 1-1 榫头与榫眼的尺寸对应关系

榫的类别	榫头	榫眼
对应项目	长度 L	深度 D
	宽度 W	长度 F
	厚度 T	宽度 B

榫头的长度方向应与方材零件的纤维方向基本一致，如确实因接合要求倾斜时，倾斜角度最好不大于 $45°$，榫眼的长度方向应与方材零件的木材纤维方向基本一致。

榫头尺寸大小的确定受被接合两方材零件的断面尺寸、加工榫眼的钻头规格尺寸、接合点在零件上的位置、木材的力学性能、接合点的受力情况、接合部位的外观要求等因素影响。榫头厚度通常约为方材零件断面边长（与榫头厚度方向相一致的边）的 $0.3\sim0.6$倍；软材质取大值，硬材质可取小值；当榫头厚度大于 25mm 时应改为双榫（图 1-5b右）。在确定榫头厚度时应将其计算值调整至与木工方凿钻规格相符的尺寸。木工方凿钻有 6.3、8、9.5、10、11、12、12.5、14、16、20、22、25mm 这 12 种规格。榫头宽度通常约为方材零件断面边长（与榫头宽度方向相一致的边）的 $0.5\sim1$ 倍。当榫头宽度大于40mm 时应改为双榫（图 1-5b 左）。榫头长度是根据接合形式来确定的：采用明榫时，榫头长度通常与榫眼方材零件断面边长（与榫眼深度方向相一致的边）相同；当要利用榫头作装饰时，榫头长度也可以比榫眼方材零件断面边长略小或略大；暗榫的榫头长度通常应大于榫眼方材零件断面边长（与榫眼深度方向相一致的边）的一半。

榫接合一般采用基孔制。榫头的长度（L）约小于榫眼深度（D）即 $D-L=1\sim$2mm。榫头的厚度（T）约小于榫眼宽度（B），即 $D-L=0.1\sim0.15$mm。榫头的宽度（W）应大于榫眼长度（F）即 $W-F=0.1\sim1.1$mm 范围之内，具体数值与木材的密度有关参见表 1-2。

表 1-2 直角榫结合的过盈量 Δ 参考值

木材的密度（g/cm³）	0.4	0.5	0.6	0.7	0.8	0.9	1.0
Δ（mm）	1.09	0.68	0.43	0.27	0.17	0.10	0.06

整体式椭圆形榫、圆形榫（图 1-8）是直角榫的改良型，克服了直角榫接合的榫眼加工生产效率低、劳动强度较大、榫眼壁表面粗糙等缺陷，在框架类现代实木家具中广泛被采用。榫头的方向、尺寸及榫头与榫眼的配合公差可参考直角榫的要求。榫头的厚度应与

加工榫眼的钻头规格相一致。常用的钻头规格有 5、6、8、10、12、14、16、20、22mm 等。在设计中应该注意目前生产中广泛采用的加工整体式椭圆形榫（圆形榫）设备，仅能加工出单榫且榫肩是一个平面。

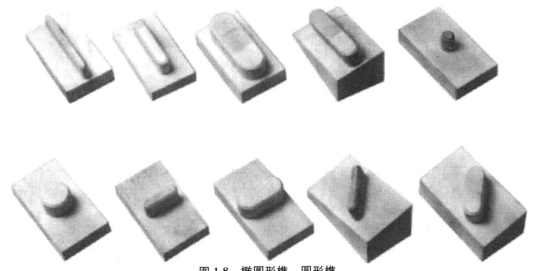

图 1-8　椭圆形榫、圆形榫

　　燕尾形榫多数用于抽屉等箱框的接合。燕尾形榫的种类按榫头的显隐关系可分为明燕尾榫、全隐燕尾榫、半隐燕尾榫三种（图 1-9a、b、c）。按榫头棱边的形状可分为锐棱燕尾榫、隐棱燕尾榫二种（图 1-9d、e）。因锐棱半隐燕尾榫的榫沟部分的机械加工工艺性差，在生产中大多被隐棱半隐燕尾榫取代。燕尾形榫的尺寸参数为 $T = 4.5 \sim 6.5$mm、$A = 7° \sim 14°$（图 1-10）。

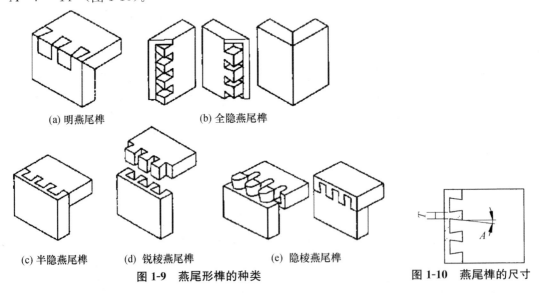

(a) 明燕尾榫　　　　　　(b) 全隐燕尾榫

(c) 半隐燕尾榫　　(d) 锐棱燕尾榫　　　　(e) 隐棱燕尾榫

图 1-9　燕尾形榫的种类

图 1-10　燕尾榫的尺寸

　　指形榫用于零件的接长和角部接合（图 1-11）。指形榫的长度 L 为 $10 \sim 45$mm，指倾斜度为 $1/7.5 \sim 1/12$，指顶宽度 t_1 为 $0.4 \sim 2$mm，嵌合度 $t_2 - t_1$ 为 $0.1 \sim 0.2$mm，t_1/p 为 $0.15 \sim 0.2$（图 1-12）。

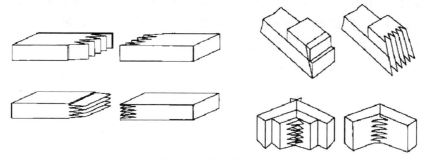

图 1-11　指形榫结合

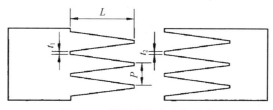

图 1-12　指形榫接合几何参数

2. 分体式榫结合

分体式榫有圆棒榫（简称圆榫）、椭圆形榫、三角形榫、矩形榫、L 形榫、饼形榫等（图 1-13）。

圆榫接合按功能分为强度型和定位型两类。强度型圆榫接合作用是获得高的接合强度，因此榫与孔的径向配合要求较高装配时需施胶。定位型圆榫是配合连接件共同完成接合，圆榫的主要作用是实现被接合零件间的定位，辅助增加接合强度，装配时不施胶。

圆榫应选用密度大、无节无朽、纹理通直，材质较硬、有韧性的木材制成，如青冈木、柞木、水曲柳、山毛榉、色木、桦木等。圆榫含水率比家具用材低 2%～3%，以便施胶后，圆榫吸水而润胀增加接合强度。圆榫制成后用塑料袋密封保存。圆榫的表面形状有光滑、直纹、网纹、螺旋纹等（图 1-14），较常用的是直纹、螺旋纹圆榫。圆榫直径规格有 4、6、8、10、12、14、16mm 七种，其中最常用的规格是 6、8、10mm 三种。圆榫长度在 14mm 到 70mm 之间，可根据实际需要定制，常用的规格有 30、32、35、40mm 四种。

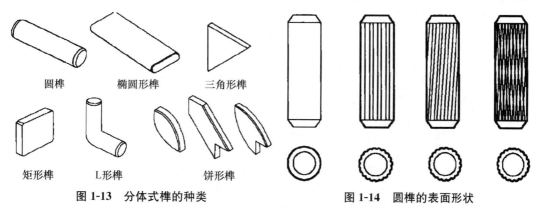

图 1-13　分体式榫的种类　　　　图 1-14　圆榫的表面形状

圆榫与圆榫孔长度方向的配合应为间隙配合,即圆榫孔深度大于圆榫长度,间隙大小为0.5~1.5mm。圆榫与圆榫孔的径向配合应为基孔制、过盈配合,过盈量为 0.1~0.2mm。

圆榫直径与长度的选用应考虑被连接零件的厚度、接合部位的强度要求、同一接合部位的圆榫数等因素。圆榫尺寸选用参见表1-3。

表 1-3　圆榫尺寸推荐值　　　　　　　　　　　　　　　　　　单位：mm

接合件的厚度	圆榫直径	圆榫长度
10~12	4	14~20
12~15	6	18~30
15~20	8	24~32
20~24	10	30~40
24~30	12	36~48
30~36	14	42~56
36~45	16	48~64

为了提高强度和防止零件转动,通常要至少采用2个以上的圆榫进行接合,多个圆榫接合时圆榫间距应优先选用与加工设备相一致的孔间距系列。连接实木板式零部件时,圆榫间距优先采用32mm或32mm的整数倍。连接方材零件时,圆榫间距优先采用的值如图 1-15 所示的组合钻头架,具体见表1-4。

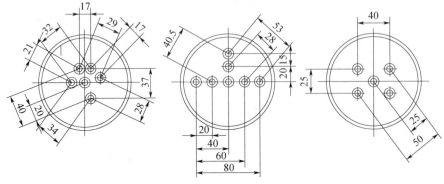

图 1-15　组合钻头架

表 1-4　圆榫孔距推荐值（适用于方材零件连接）　　　　　　　　单位：mm

圆榫数	圆榫孔距系列
2	15，17，20，21，25，28，29，30，32，34，37，40，40.5，50，53，60，80
3	15～20，20～20，25～25，20～40，20～60，40～40
4	20～20～20，20～20～40，20～40～20
5	20～20～20～20

　　分体式椭圆形榫接合的强度要比圆榫的高，尤其在抗绕榫轴的扭转方面更为突出。根据被连接零件断面尺寸和形状、接合部位的强度要求等情况，分体式椭圆形榫可单数使用，也可以复数使用，整体式椭圆形榫接合只能单榫且榫肩仅可平面的缺陷。分体式椭圆形的尺寸目前无统一标准，常用的规格见表1-5。分体式椭圆形榫与榫孔的配合可参考直角榫接合的要求。

表 1-5　分体式椭圆形榫尺寸参考值

T	L	L	W	示意图
5 *	25、30、35	25	14、16、18	
6 *	30、35、40	30 *	16、18、20	
8 *	35、40、45、50	35	18、20、22	
10 *	35、40、45、50	40 *	18、20、22、24	
12	40、45、50	45	20、22、24	
14	45、50	50 *	22、24、30	
W 系列 14、16、18 *、20 *、22 *、24、30				

* 优先采用值。

　　三角形榫、矩形榫、L形榫、饼形榫接合应用较少，下面给出几个实例供参考（图 1-16）。

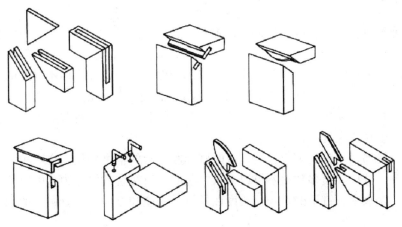

图 1-16　三角形榫、矩形榫、L形榫、饼形榫接合应用实例

有时因零件的断面尺寸、材料的力学性质、木材的纹理方向、接合强度要求、接合点的位置等情况比较特殊，在同一接合部位上采用单一形式的榫往往难于满足接合要求，此时可采用复合榫接合。图1-17是直角榫与圆榫复合的一例。这种复合榫接合常用于零件的断面尺寸较小而接合强度要求较高的场合。图1-18是指形榫与圆榫复合的一例。虽然指形榫的接合强度高，一般不需要与其它榫复合，但在图1-18中的L型零件上指形榫的方向垂直于木材纹理其强度极低，此时插入一个圆榫进行补强。

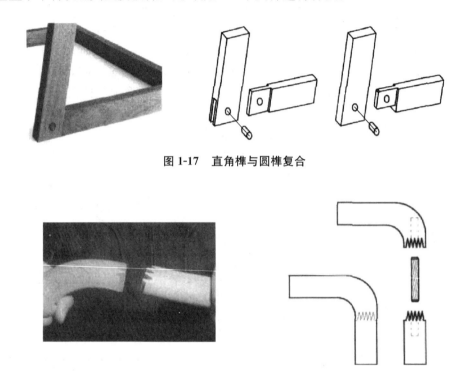

图1-17　直角榫与圆榫复合

图1-18　指形榫与圆榫复合

1.2.1.2　钉结合

钉子的种类很多，有金属、竹制、木制等三种，其中常用金属钉。金属钉主有T形圆钉、"Ⅱ"形扒钉（骑马钉、气枪钉、装书钉）、鞋钉、泡钉等。圆钉接合容易破坏木材、强度小，故家具生产中很少单独使用，仅用于内部接合处和表面不显露的部位以及外观要求不高的地方，如用于抽屉滑道的固定或用于瞒板（包镶板、覆面板）、钉线脚、包线型等。竹钉和木钉在我国手工生产中的应用极为悠久和普遍，有些类似于圆榫接合。装饰性的钉常用于软体家具制造。

钉接合一般都是与胶料配合进行，有时则起胶接合的辅助作用；也有单独使用的，如包装箱生产等。钉接合大多数是不可以多次拆装的。钉接合的钉着力（握钉力）与基材的种类、密度、含水率、钉子的直径、长度以及钉入深度和方向有关。圆钉的接合尺寸与技术见表1-6。

表 1-6 圆钉的结合尺寸与技术

项目	简图	规范	备注
钉长的确定	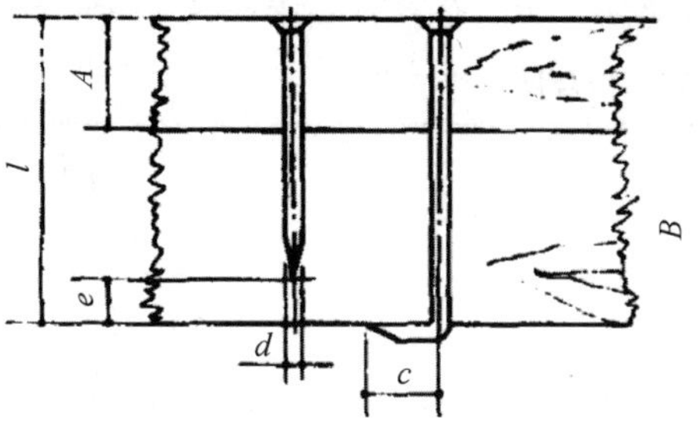	不透钉 $l=(2\sim3)A$ $e>2.5d$ 透顶 $l=A+B+C$ $e\geqslant4d$	l——钉长 d——圆钉直径 e——钉尖至材底距离 A——被钉紧件厚度 C——弯尖长度
加钉位置	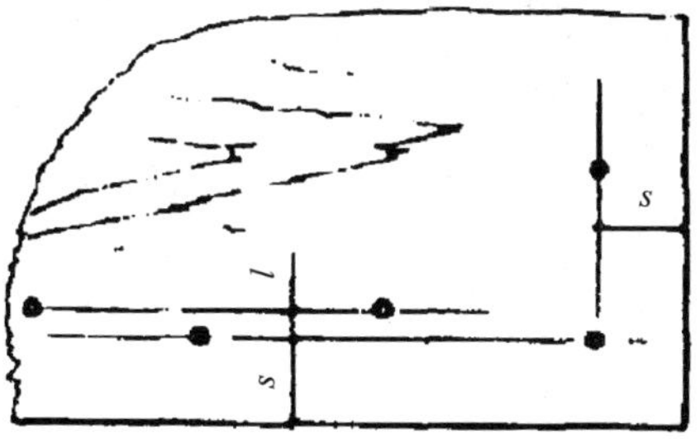	$s>10d$ $t>2d$	s——钉中心至板边距离 t——近钉距时的邻钉横纹错开距离 d——圆钉直径
加钉方向	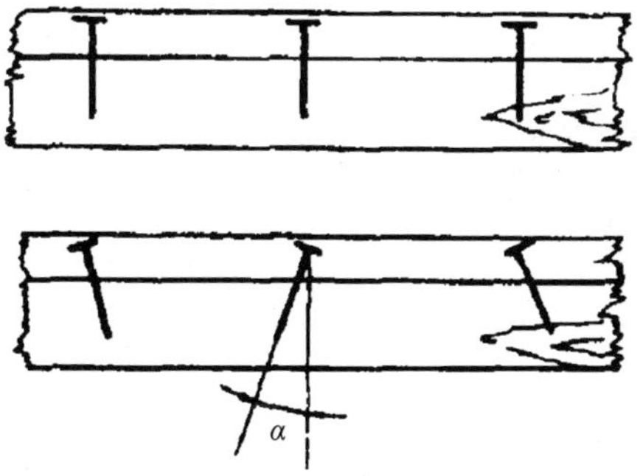	方法（一）：垂直材面进钉 方法（二）：交错倾斜进钉 钉倾斜 $\alpha=5°\sim15°$	
圆钉沉头法	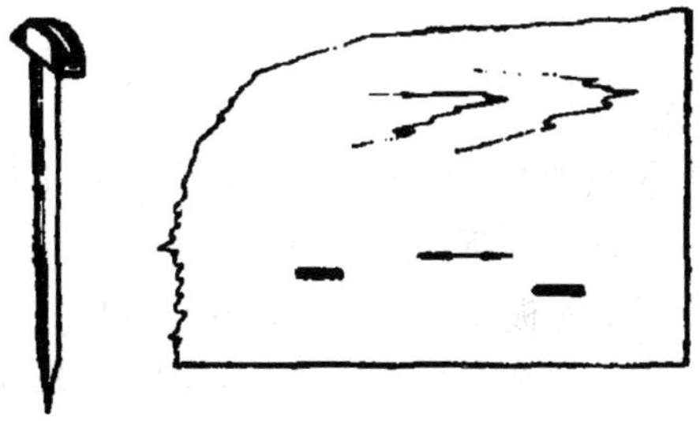		将顶头砸扁冲入木件内，扁头长袖要与木纹同向

（摘自《木材工业实用大全·家具卷》）

1.2.1.3 木螺钉结合

木螺钉接合是利用木螺钉穿透被紧固件拧入持钉件而将两者连接起来。

木螺钉（木螺丝）是一种金属制的螺钉，有平头螺钉和圆头螺钉两种。木螺钉接合一般不可用于多次拆装结构，否则会影响接合强度。木螺钉外露于家具表面会影响美观，一般应用于家具的桌面板、台面板、柜面、背板、椅座板、脚架、塞角、抽屉撑等零部件的固定以及拉手、门锁、碰珠、连接件等配件的安装。木螺钉的钉着力与钉接合相同，也与基材的种类、密度、含水率，木螺钉的直径、长度以及拧入深度和方向有关。木螺钉应在横纹理方向拧入，纵向拧入接合强度低，应避免使用。木螺钉的接合尺寸与技术见表1-7。

表 1-7　木螺钉的接合尺寸与技术

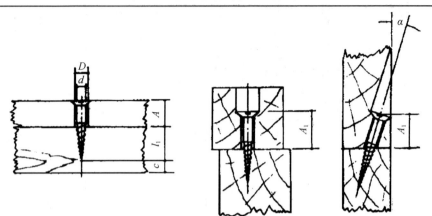

名称	规范	备注
预钻孔直径	$D=d+$ （0.5～1） mm	D——木螺钉直径
拧入持钉件深度	$l=5\sim25\text{mm}$	A——被固紧件厚度
钉长（不沉头）	$l=A+l_1$	
沉头保留板厚	$A_1=12\sim18\text{mm}$	
钉长（沉头）	$l'=A_1+l_1$	
侧面进钉斜度	$\alpha°=15\sim25°$	

（摘自《木材工业实用大全·家具卷》）

　　被紧固件的孔可预钻，与木螺钉之间采用松动的配合。被紧固件较厚时（20mm以上），常采用沉孔法以避免螺钉太长或木螺钉外露。

1.2.1.4　胶接合

　　这种接合方法是指单独用胶粘剂来胶合家具的主要材料或构件而制成零部件或制品的一类接合方式。由于近代新胶种的出现，家具结构的新发展，胶接合的应用愈来愈多。在生产中常见的如：方材的短料接长、窄料拼宽、薄板层积和板件的覆面胶贴、包贴封边等均完全采用胶粘剂接合。胶接合的优点是可以达到小材大用、劣材优用、节约木材，还可以保证结构稳定、提高产品质量和改善产品外观。

1.2.1.5　连接件接合

　　五金连接件是一种特制并可多次拆装的构件，也是现代拆装式家具必不可少的一类家具配件。它可以由金属、塑料、尼龙、有机玻璃、木材等材料制成。目前，常用的五金家具连接件主要有螺旋式、偏心式和挂钩式等几种形式。对家具连接件的要求是：结构牢固可靠、多次拆装方便、松紧能够调节、制造简单价廉、装配效率要高、无损功能与外观、保证产品强度等。连接件接合是拆装家具尤其是板式拆装家具中应用最广的一种接合方法，采用连接件接合使拆装家具的生产能够做到零部件的标准化加工，最后组装或由用户自行组装，这不仅有利于机械化流水线生产，也给包装、运输、贮存带来了方便。

1.2.2　板式家具结构

板式家具五金件的品种十分繁多，但归纳起来大致有装饰五金件、结构五金件、特殊功能五金件三大类。

装饰五金件一般安装在板式家具的外表面主要起装饰与点缀作用。

结构五金件是指连接板式家具骨架结构板件、功能部件的五金件是板式家具中最关键的五金件。结构五金件根据作用又可分为紧固连接五金件、位置调节五金件、活动连接五金件、吊挂支托五金件四大类。

特殊功能五金件是指具有除装饰与接合以外作用的其他五金件。典型的品种有走线管、穿线盖、贮物架、贮物箱、吊物钩、挂物架、分隔架、分类盒与托盘、锁具套件等。

许多五金件有多重作用如拉手、带装饰件的锁头、走线管、穿线盖等，他们既有装饰作用又有功能作用，再如向下翻门的支承件，既属活动连接五金件，又属位置调节五金件。

本节主要对结构五金件中的部分品种的功能、特点及应用作简要介绍。

1.2.2.1　紧固连接五金件

偏心连接件是应用非常广泛的紧固连接五金件。偏心连接件的种类有一字型偏心连接件（图1-19）、异角度偏心连接件（图1-20）、直角型偏心连接件（图1-21）。其中一字型偏心连接件又可分为三合一偏心连接件（图1-19a）、二合一偏心连接件（图1-19b）、快装式偏心连接件（图1-19c）。异角度连接件又可分为Y型偏心连接件（图1-20a），V型偏心连接件（图1-20b）。

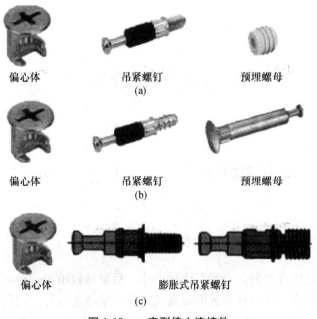

偏心体　　　　　吊紧螺钉　　　　　预埋螺母

(a)

偏心体　　　　　吊紧螺钉　　　　　预埋螺母

(b)

偏心体　　　　　膨胀式吊紧螺钉

(c)

图1-19　一字型偏心连接件

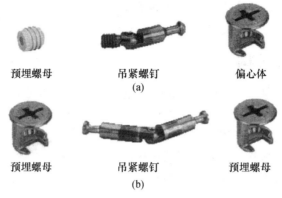

预埋螺母　　　　　吊紧螺钉　　　　　偏心体
(a)

预埋螺母　　　　　吊紧螺钉　　　　　预埋螺母
(b)

图 1-20　异角度偏心连接件

预埋偏心体　　　　　　螺钉或膨胀销

图 1-21　直角形偏心连接件

三合一偏心连接件由偏心体、吊紧螺钉及预埋螺母组成安装形式如图 1-22a 所示。由于这种偏心连接件的吊紧螺钉不直接与板件接合，而是连接到预埋在板件的螺母上，所以吊紧螺钉抗拔力主要取决于预埋螺母与板件的接合强度，拆装次数也不受限制。

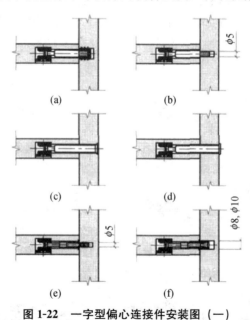

(a)　　　　　　　　　　　(b)

(c)　　　　　　　　　　　(d)

(e)　　　　　　　　　　　(f)

图 1-22　一字型偏心连接件安装图（一）

二合一偏心连接件有二种，一种是由偏心体、吊紧螺钉组成的隐蔽式二合一偏心连接件，另一种是由偏心体、吊紧杆组成的显露式二合一偏心连接件。二合一偏心连接件的安装形式如图 1-22b～d 所示。显露式二合一偏心连接件的接合强度高，但吊紧杆的帽头露在板件的外表在有些场合会影响装饰效果。隐蔽式二合一偏心连接件的吊紧螺钉直接与板件接合，吊紧螺钉抗拔力与板件本身的物理力学特性直接相关。根据有关研究，这种接合的吊紧螺钉抗拔力略大于三合一偏心连接件吊紧螺钉的抗拔力，但拆装次数受限制，一般拆装次数在 8 次以内时，对吊紧螺钉抗拔力影响不大。隐蔽式二合一偏心连接件与三合一偏心连接件相比有一个显著的不同之处就是连接吊紧螺钉用的孔径不同，它利用与系统孔相同的 5mm 孔径解决了标准化设计、通用化设计和模块化设计中因系统孔与结构孔的孔径不一致而造成的设计瓶颈问题。

快装式偏心连接件由偏心体、膨胀式吊紧螺钉组成安装形式如图 1-22e、f 所示。快装式偏心连接件是借助偏心体锁紧时拉动吊紧螺钉上的圆锥体扩粗倒刺膨管直径，从而实现吊紧螺钉与旁板紧密接合。安装吊紧螺钉用孔的直径精度、偏心体偏心量的大小直接影响接合强度。

有些场合在同一接合点上要交叉连接三块板式部件，此时可采用下面的两种方式来实现。第一种方式是用两个偏心体和一根双端吊紧杆完成接合（图 1-23a），第二种方式是用两组二合一偏心连接件（图 1-23b）或两组三合一偏心连接件（图 1-23c）完成接合。采用第一种方式连接时，偏心体安装孔的位置受中间板件厚度的影响，即当选用长度一定的双端吊紧杆时，偏心体安装孔离板边缘的距离会因选择的中间板件厚度不同而变化，不利于标准化、通用化和模块化设计。此外中间板件厚度公差也会影响连接件接合强度的发挥，而第二种方式则没有上述问题。

Y 型偏心连接件由偏心体、铰接式吊紧螺钉及预埋螺母组成，或是由偏心体与铰接式吊紧螺钉组成，安装形式如图 1-24a、b 所示。V 型偏心连接件由偏心体与铰接式吊紧螺杆组成安装形式如图 1-24c 所示。这两种偏心连接件能实现两块板件的非 90°接合。

图 1-25 是偏心连接件的安装孔位图。D_p 是安装偏心体孔的直径，D_p 通常有 25mm，15mm，12mm，10mm 四种规格，目前生产中 15mm 的最常用，12mm 与 10mm 用于薄的板件且接合强度

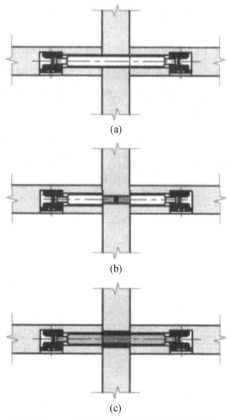

(a)

(b)

(c)

图 1-23　一字型偏心连接件安装图（二）

要求相对略低的场合，如用于抽屉板件间的接合。T_p 是安装偏心体孔的深度，$T_p = P_s + P_e +$ 间隙（约 0.5mm）。S_p 是安装偏心体孔的中心离板边缘的距离，S_p 的大小与吊紧螺杆的功能长 L_s 及偏心体的偏心量有关。目前国内外对 S_p 值还没有统一的规范，据统计，有些五金件公司生产的吊紧螺杆规格多达 20 余个品种。偏心连接件的接合强度与板材的物理力学性质及 S_p 等参数有关，设计时应综合考虑板材的物理力学性质、接合点的强度要求、设计规范等因素，在规格系列中选取合适的 S_p 值。D_s 是穿吊紧螺钉孔的直径，目前

家具企业在板式部件间接合上普遍采用以圆棒榫作定位，偏心连接件作紧固的接合方法，因此，$D_p = d_s +$ 间隙（约 0.5mm）。P_s 是吊紧螺钉孔中心离板式部件表面的距离，一般取板式部件厚度的一半，但也有不考虑板式部件厚度的大小，均取某一固定值的应用方法。T_n 与 D_n 分别是安装预埋螺母或二合一吊紧螺钉用孔的深度与直径。T_n 应略大于预埋螺母的高度 H_m 或二合一吊紧螺钉螺纹部分的长度，D_n 应小于预埋螺母的最大外径 D_m 或吊紧螺钉螺纹齿顶直径。在实际应用中，应根据板式部件基材的种类确定合理的预埋螺母安装孔直径，或选择合适的预埋螺母直径。对于刨花板与中密度纤维板预埋螺母直径与安装孔直径的关系以 $D_n/D_m = 0.9 \sim 0.92$ 为佳。

图 1-26 给出了直角型偏心连接件的安装孔位图。D_v 与 T_v 及 A_v 分别是安装偏心用孔的直径与深度及中心离板边缘的距离。偏心体与孔采用过盈配合，即偏心体的最大外径应大于 D_v，通常 $D_v = 25$mm。T_v 应略大于偏心体的高度，通常在 12 至 13mm 之间。当 $D_v = 25$mm 时 $A_v = T - V_p +$ 偏移量，偏移量一般为 6mm，但 A_v 的值不应小于 15mm。d_v 与 t_v 及 V_p 分别是安装螺钉或膨胀管用孔的直径与深度及中心离板面的距离。t_v 应大于螺钉或膨胀管的长度，d_v 应略小于螺钉齿顶圆直径或膨胀管外径，V_p 通常取 $7 \sim 8$mm。

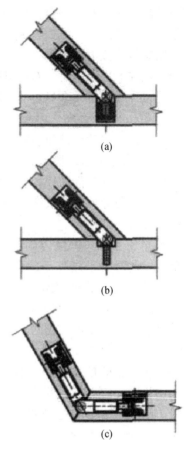

图 1-24 异角度偏心连接件安装图

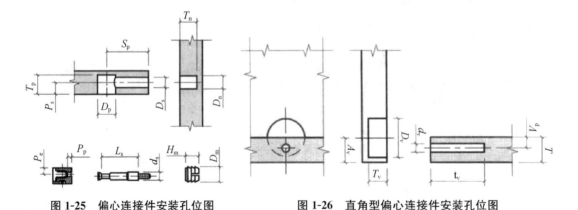

图 1-25 偏心连接件安装孔位图　　　　图 1-26 直角型偏心连接件安装孔位图

1.2.2.2 位置调节五金件

搁板支承件的作用是支承搁板并使搁板的高度位置可调节，达到柜体内部空间按用途要求作变化的目的。按被支承的搁板材料分，搁板支承有木质板件支承件（图 1-27a～k）

和玻璃板件支承件（图 1-27l～n）两种。按支承的特点分，木质板件支承件可分为简易支承件（图 1-27a～c）、平面接触支承件（图 1-27d～f）、紧固式支承件（图 1-27g～k）。玻璃板件支承件可分为吸盘式支承件（图 1-27l）、弹性夹紧支承件（图 1-27m）、螺钉夹紧支承件（图 1-27n）。

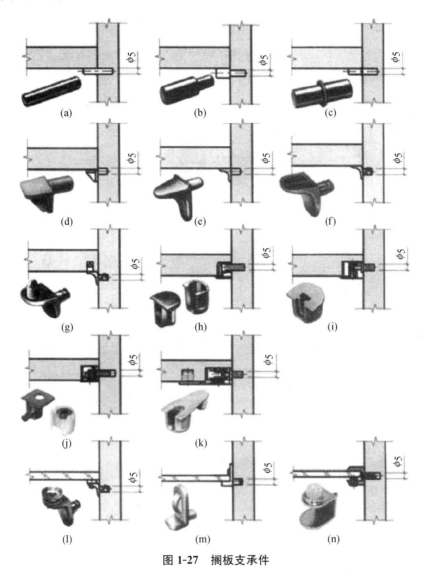

图 1-27　搁板支承件

简易支承件的接合特点是接合简单、成本低廉、但搁板与旁板之间在水平方向上无力的约束，且当搁板承载大时，支承件有可能压溃系统孔或搁板表面。平面接触支承件的接合特点除了具有简易支承件的优点外，由于增大了支承件与搁板的接触面积，完全克服了支承件压溃搁板表面的缺陷，此外，还增大了支承件与旁板的接触面积，特别是图 1-27f 的轴销上还带有突刺，有效地防止了支承件受力后的翻转，使系统孔壁不易被压溃，但搁板与旁板之间在水平方向上也无力的约束。紧固式支承件接合的最大特点是搁板与旁板之间在水平方向上有力的约束，图 1-27g 的约束力较小，图 1-27h～j 的约束力中等，图 1-27k

的约束力大。这种约束力对减少旁板的变形、增强柜体的刚度有作用。但是应用紧固式支承件时搁板上要打孔，增加了加工成本，同时支承件本身的成本也相对较高，因此，建议与其他两种支承件配合使用达到最佳的综合效果。

吸盘式支承件是通过真空吸盘的吸着力防止玻璃板件的滑动，弹性夹紧支承件是通过弹性夹的夹紧力防止玻璃板件的滑动，而螺钉夹紧支承件则是通过 U 型夹的夹紧力防止玻璃板件的滑动。

图 1-28 示出了几例位置调节五金件。包括可调节高度的搁板托架、可调节桌子高度的带轮脚套、可调节桌面高度的支架、可调整柜子高度的脚、能调节床板角度的支架。

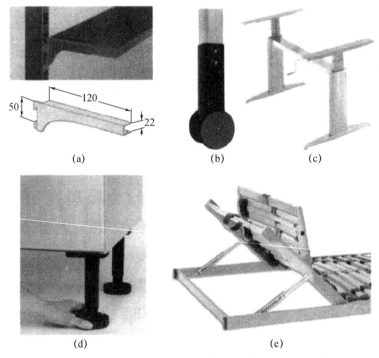

图 1-28 位置调节五金件

1.2.2.3 活动连接五金件

1. 杯状暗铰链

杯状暗铰链由铰杯、铰连杆、铰臂及底座组成。铰杯、铰连杆及铰臂预装成一体，即杯状暗铰链的成品由铰链本体和底座两大部分组成。

杯状暗铰链的种类繁多，按连接的材料可分为木质材料门暗铰链、玻璃门暗铰链、铝合金门暗铰链；按门与旁板的角度可分直角型暗铰链、锐角型暗铰链、平行型暗铰链、钝角型暗铰链；按门的最大开启角度可分为小角度（95°左右）型暗铰链、中角度（110°左右）型暗铰链、大角度（125°左右）型暗铰链、超大角度（160°左右）型暗铰链；按承载的重量可分为轻载荷型暗铰链、普通载荷型暗铰链、中等载荷型暗铰链、大载荷型暗铰链；按装配速度可分为普通型暗铰链、快装型暗铰链；按门的安装方便度可分为需工具型暗铰链、免工具型暗铰链；按工作噪音可分为普通型暗铰链和静音型暗铰链；按铰杯和底座的材料可分为塑料暗铰链和金属暗铰链；按底座的位置微调能力可分为不可调型暗铰链、单向可调型暗铰链、多向可调型暗铰链。

木质材料门用直角型暗铰链是最常用的一种暗铰链，有 L 型、H 型、I 型三种类型。F 型采用直臂铰链，应用于门板覆盖住旁板全部或大部分边缘的场合，所以也称全盖型暗铰链。H 型采用小曲臂铰链，应用于门板覆盖住旁板一半或小部分边缘的场合，所以也称半盖型暗铰链。I 型采用大曲臂铰链应用于门板嵌入柜体内的场合，所以也称嵌入型暗铰链。

板式家具 32mm 系统规定，铰杯安装在门板上，底座安装在旁板上。如图 1-29 左所示用两个螺钉分别拧入相隔 32mm 的两个系统孔内，将底座固定在旁板上。图 1-29 右所示的是铰杯的安装尺寸，铰杯孔直径 D_c 一般为 35mm，铰杯孔深度 T_c 通常在 11.5～14mm，螺钉孔直径 d_c 应小于选用的螺钉的直径，螺钉孔的位置 P_c、S_c 目前无统一规范。

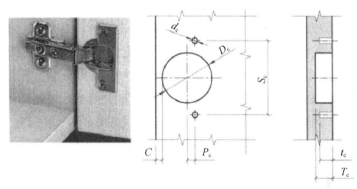

图 1-29　铰杯的安装尺寸

图 1-30 是几种典型的异角度（非直角）杯状暗铰链。图 1-30a 是钝角型杯状暗铰链，应用于门板与旁板的夹角超过 90°的场合，典型的规格有 20°、30°、45°等。图 1-30b 是平行型杯状暗铰链，应用于旁板前有与门板平行的挡板的场合。图 1-30c 是锐角型杯状暗铰链，应用于门板与旁板的夹角小于 90°的场合，典型的规格有 -30°和 -45°等。在应用钝角型和锐角型杯状暗铰链时，若门板与旁板的夹角不在标准规格系列内，则可用三角底座垫来调整铰链的角度（图 1-31）。图 1-32、图 1-33 分别是铝合金门杯状暗铰链和玻璃门杯状暗铰链，它们各自按门板的材料特点用特殊形式的铰杯安装到门板上。图 1-34 是下翻门杯状暗铰链，用一个扭转 90°的特殊铰臂将下翻门与旁板连接在一起。图 1-35 是双杯单轴暗铰链，它承载力和开启的角度较大，但没有对门的关闭自锁力。

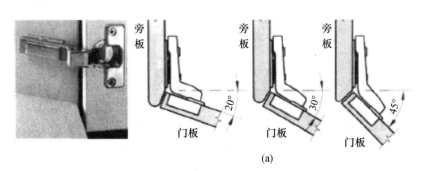

(a)

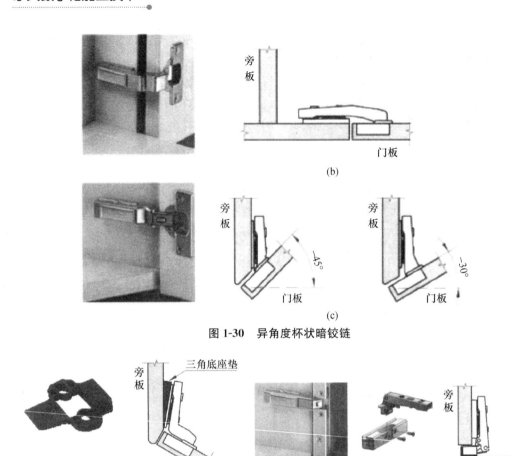

(b)

图 1-30　异角度杯状暗铰链

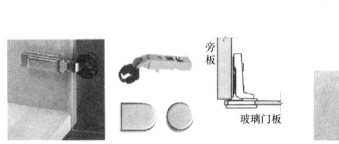

图 1-31　三角底座垫

图 1-32　铝合金门杯状暗铰链

图 1-33　玻璃门杯状暗铰链

图 1-34　下翻门杯状暗铰链

2. 抽屉滑道

板式家具常用的抽屉滑道有滚轮式滑道（图 1-36a），双列滚珠式滑道（图 1-36b）、四列滚珠式滑道（图 1-36c）三种。当抽屉承载不太大时可采用滚轮式滑道，当抽屉承载较大时可采用滚珠式滑道。抽屉滑道又有单行程滑道与双行程滑道之分。单行程滑道只能将抽屉拉出柜体 3/4～4/5 左右，1/5～1/4 左右仍停留在柜体内，这对某些物品的取放可能会带来不便。而双行程滑道则能将抽屉全部拉出柜体，取放物品无障碍。但双行程滑道的价

格要高于单行程滑道，因此，应根据实际功能需求合理
选用抽屉滑道。

　　图 1-37 是滚轮式滑道的正面安装图。一副滑道分
左右两个部分，两侧的滑道基本对称，但略有差异，
一侧的滑道在侧向对滚轮有导向作用，如图 1-37 中的
右侧所示，而另一侧的滑道在侧向对滚轮无导向作
用，滚轮在滑道上可作侧向微小位移，即有浮动功
能，如图 1-37 中的左侧所示。右侧滑道的导向作用可
确保抽屉平稳灵活工作，左侧的浮动功能可以适应因
板件厚度偏差、加工误差等引起的柜体内宽尺寸的误
差。每侧滑道又有独立的两个部分组成，一部分安装
在旁板上，另一部分安装在抽屉的侧板上。A_w、B_w、

图 1-35　双杯单轴暗铰链

C_w 是确定抽屉与柜体尺寸关系的重要参数。抽屉与柜体高度方向的位置关系通过 A_w 参
数来计算，B_w 则是表示抽屉正常工作时下部必须留出的空间尺寸，C_w 是确定抽屉宽度与
柜体宽度尺寸关系的参数。一般同一品牌的滚轮式滑道，单行程与双行程滑道的 A_w、
B_w、C_w 是相同的，能依赖 32mm 的系统孔实现单行程与双行程滑道的互换，便于板式家
具的标准化、模块化设计的实施。

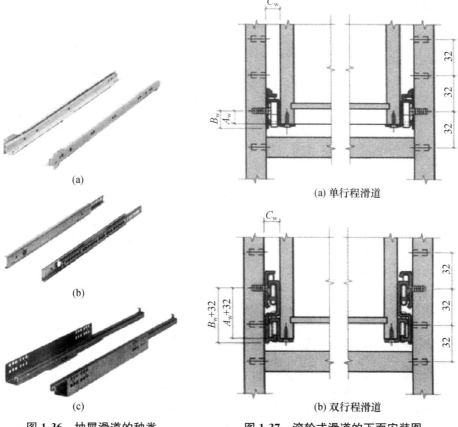

(a)

(b)

(c)

图 1-36　抽屉滑道的种类

(a) 单行程滑道

(b) 双行程滑道

图 1-37　滚轮式滑道的下面安装图

3. 其他活动连接五金

图 1-38、图 1-39 分别是水平移动门、垂直移动门的滑道。图 1-40 是内藏式开门与上翻门的五金件，它由两根滚珠式滑道和两个杯状暗铰链组成，门开启后通过滑道隐藏到柜体内。图 1-41、图 1-42 分别是带滑道的键盘托架、电视机转盘。电视机转盘由旋转盘和滑道组成，电视机置于转盘上既可实现转动又可作前后移动。

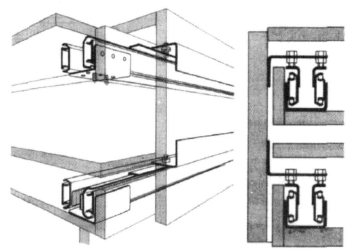

图 1-38　水平移动门滑道

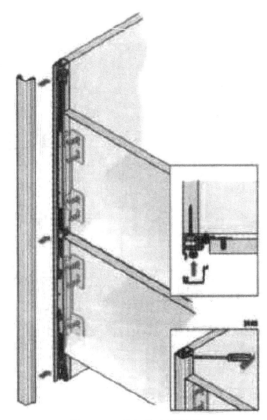

图 1-39　垂直移动门滑道

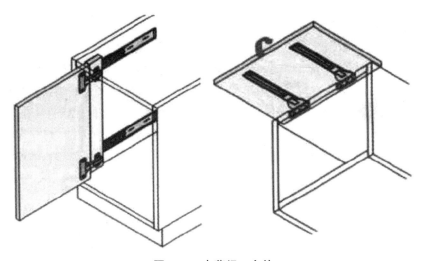

图 1-40　内藏门五金件

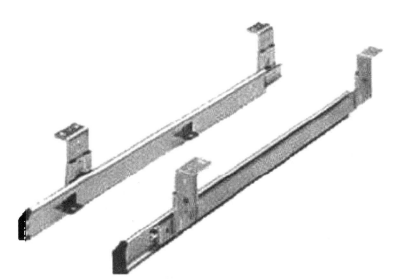

图 1-41　键盘托架

图 1-42　电视机转盘

1.2.2.4　吊挂支托五金件

图 1-43、图 1-44 给出了两种挂衣杆支座，第一种支座只能安装到旁板上，支座可设立在旁板高度方向上的任一位置，而第二种支座能安装到顶板上，支座可离开旁板设立在顶板上的任一位置。图 1-45~48 给出了四种吊柜挂接件，前三种挂接件安装在吊柜的背板上，因此，要求吊柜背板自身有足够的强度，同时背板与柜体的连接也要牢固，最后一种挂接件安装在吊柜的旁板上，因此吊柜背板可用较薄的板，此外吊钩在沿柜深方向上能作适当调节，吊挂及调整十分方便。

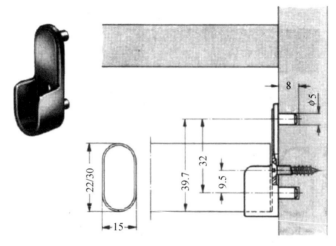

图 1-43　挂衣棍支座（一）

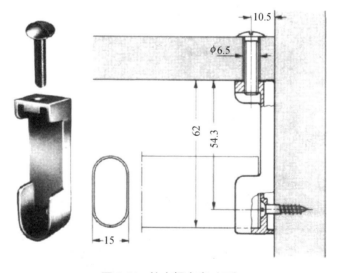

图 1-44　挂衣棍支座（二）

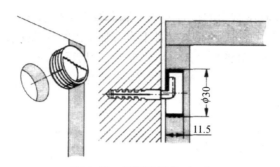

图 1-45　吊柜挂接件（一）

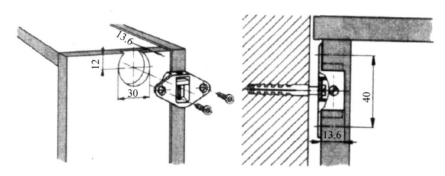

图 1-46　吊柜挂接件（二）

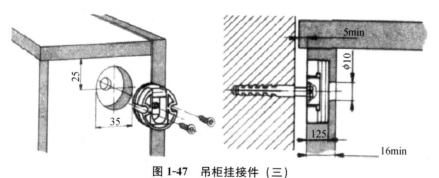

图 1-47　吊柜挂接件（三）

1.2.3　非木质家具结构

1.2.3.1　塑料家具结构

　　塑料家具可分为全塑料家具、塑料与其他材料构成的混合材料家具。由于塑料加热后具有软化直至流动的特性，因而易于模塑成型加工。塑料家具的特点是曲线与曲面零件多、接合点少、零件数量少，甚至一件家具仅有一个、二个零件，大多为薄壁壳体结构。

　　塑料家具的接合方法有：胶接合、螺纹接合、卡式接合、插入式接合、热熔接合、金属铆钉接合、热铆接合等。

　　胶接合是用聚氨酯、环氧树脂等高强度胶粘剂涂于接合面上，将两个零件胶合在一起的方法。

螺纹接合是塑料家具中常用的接合方法，通常有直接螺纹接合、间接螺纹接合、自攻螺纹接合三种。直接螺纹接合是指塑料零件上直接加工出螺纹的接合方法，如图 1-48 所示。间接螺纹接合是指通过金属的螺杆（螺钉）与螺母紧固两塑料零件的方法，如图 1-49 所示。自攻螺纹接合是指通过自攻螺钉拧入被接合的零件的光孔内，自攻螺钉的齿尖扎入光孔壁，实现紧固接合，如图 1-50 所示。

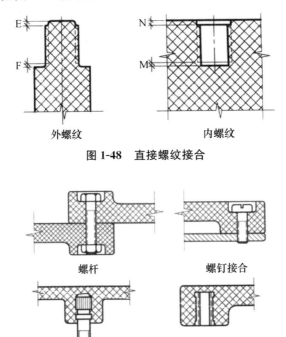

图 1-48　直接螺纹接合

图 1-49　间接螺纹接合

图 1-51 是卡式接合的一个实例，带有倒刺的零件沿箭头方向压入另一个零件，借助塑料的弹性，倒刺滑入凹口内，完成连接。图 1-52 是插入式接合的一个实例，金属管插入塑料零件的预留孔内金属管与塑料零件上的孔之间采用过盈配合，以便获得较大的握紧力。

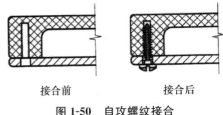

图 1-50　自攻螺纹接合

图 1-53、图 1-54、图 1-55 分别示出了热熔接合、金属铆钉接合、热铆接合的原理图。

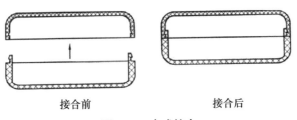

图 1-51　卡式接合

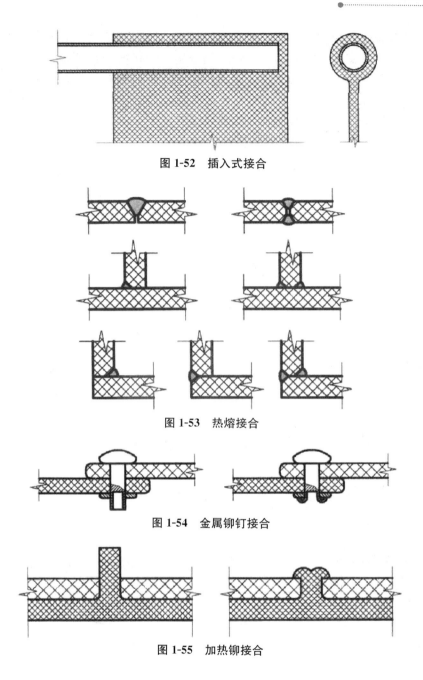

图 1-52　插入式接合

图 1-53　热熔接合

图 1-54　金属铆钉接合

图 1-55　加热铆接合

1.2.3.2　金属家具结构

金属家具按使用金属材料的形态可分为支架式和板金式金属家具。支架式金属家具是指主要结构件用金属实心棒材、空心管材、轴状异形型材构成的家具。板金式金属家具是指主要结构件用薄金属板材构成的家具。此外，还有金属与木材、藤材、竹材、塑料等材料复合构成的家具，在本节中仅讨论金属零件间的接合结构。

金属家具的常见接合形式有焊接、螺纹连接、铆接、插接、板材咬缝接合等，其中铆接又可分为固定铆接和活动铆接，插接又可分为固定式插接和活动式插接。

焊接是金属家具中应用最广泛的一种接合方式，焊接方法有气焊、电焊、CO_2 气体保护焊、闪光对焊、点焊、缝焊、高频焊。气焊用于焊接薄钢板、薄壁钢管、低熔点金属，电焊用于焊接厚度大于 3mm 的高熔点金属，CO_2 气体保护焊用于焊接薄壁高熔点金属，闪光对焊用于小零件、同质金属间或不同质金属间的焊接，点焊用于焊接薄板结构，缝焊用于焊接薄板结构和密封容器，高频焊用于焊接钢管。图 1-56、57、58 分别示出了金属薄板对接气焊接口形式、金属钢管气焊接口形式、点焊接口形式。

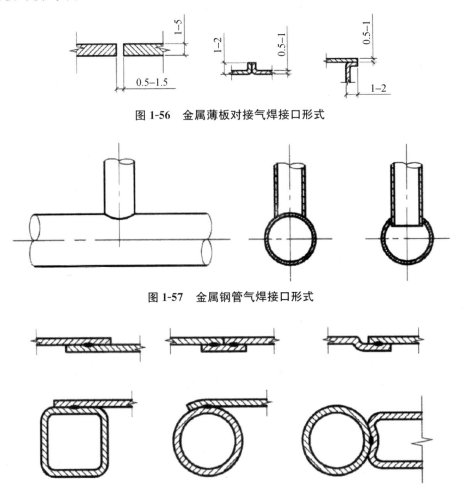

图 1-56　金属薄板对接气焊接口形式

图 1-57　金属钢管气焊接口形式

图 1-58　点焊接口形式

螺纹连接也是金属家具中应用极多的接合方法之一，按接合件特征可分为螺钉螺母接合（图 1-59 的左和右）和管螺纹接合（图 1-59 的中）两种。螺纹连接除用于零件间的接合外，还用于零件位置的调节。

如图 1-60 所示，铆接按铆钉的种类可分为平肩铆钉铆接、沉头铆钉铆接、抽芯铆钉铆接、击芯铆钉铆接、空芯铆钉铆接，抽芯铆钉和击芯铆钉及空芯铆钉接合常用于接合强度要求不高的金属薄板接合，平肩铆钉和沉头铆钉的接合强度要高于其他三种铆钉接合。铆接除了用于两个或多个零件间的固定接合外，还用于活动连接部位将铆钉作为活动连接部位的铰轴。

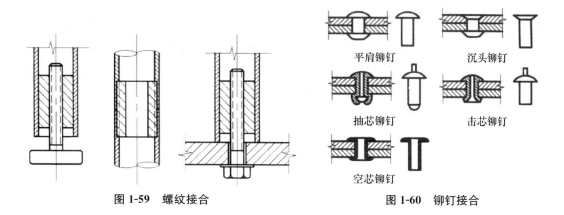

图 1-59　螺纹接合　　　　　　　　　　　　　　　图 1-60　铆钉接合

插接是通过插接头将两个或多个零件连接在一起，插接头与零件间常常采用过盈配合，有时也有在零件的侧向用螺钉或轴销锁住插接头，提高插接强度。图 1-61 示出了一组插接头的实例，该组插接头包括一字型、L 型、T 型、十字型、空间三通、空间五通、空间六通七个插接头。

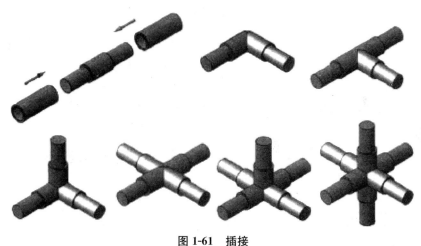

图 1-61　插接

如图 1-62 所示，板材咬缝接合常用于金属薄钢板间的连接。

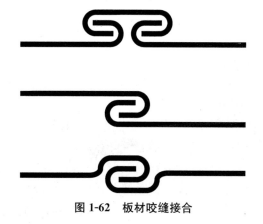

图 1-62　板材咬缝接合

1.2.3.3 竹家具结构

竹家具按原材料的形态可分为原竹家具、竹片家具、竹编家具、竹集成材家具等。原竹家具是指主要骨架构件采用保持原有竹子形态的竹杆构成的家具。竹片家具是指主要骨架构件采用竹片构成的家具。竹编家具是指用竹篾或薄竹条编织而成的家具。竹集成材家具是指主要骨架构件采用竹集成材构成的家具。竹集成材家具的结构可参考实木家具的结构。

图 1-63 所示的是竹杆的接长结构。用一段圆木棒插入两竹杆的内腔再用竹销将竹杆与圆木棒固定。竹家具中的曲线形零件常用加热软化（烘烤）弯曲工艺制作，也有采用如图 1-64 所示的竹杆锯口弯曲工艺制作。竹杆的拼接结构如图 1-65 所示，在竹杆的侧面打上孔，用竹销插入孔内实现竹杆的拼接。图 1-66 是竹片的穿绳拼接方法在竹片的侧面打上小孔，用高强度的细绳或细钢丝穿入小孔内，竹片与竹片之间穿插木材或塑料小珠子，形成一定的间隙。图 1-67 是竹片的带拼接方法。在竹片的正面打上小孔，竹片按一定间隔排列在带上，再用钢钉或螺钉或铆钉将竹片固定到带上。带一般选用宽度约为 20～40mm 的厚质地纺织带或是夹布橡胶带、布基塑料复合带等。图 1-68 所示的是竹杆与竹片的接合方法，将竹片端头加工出一个扁平小头，并插入竹杆上眼内就完成接合。图 1-69 所示的是竹杆榫接合的接点。在一根竹杆上开出矩形的榫眼，另一根竹杆端头的内腔中填上木材并加工出榫头，榫头插入榫眼后再在接合部位的侧面打上圆孔插入竹销固强接合点。图 1-70所示的是竹杆的包围接合方式，这种方式在传统的竹家具中常用。此外竹家具还可以采用螺钉、专用五金件、编织、捆扎、胶接合等的方法构成家具的整体。

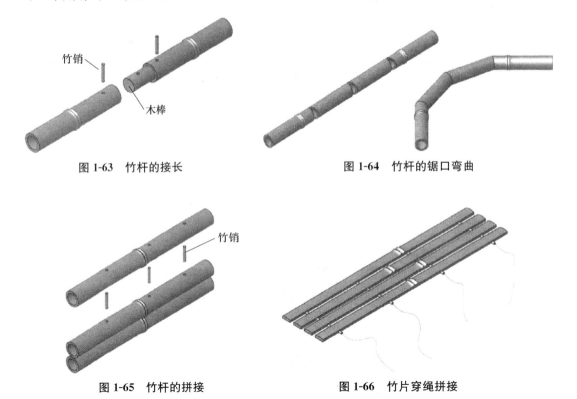

竹销

木棒

图 1-63　竹杆的接长　　　　　　　图 1-64　竹杆的锯口弯曲

竹销

图 1-65　竹杆的拼接　　　　　　　图 1-66　竹片穿绳拼接

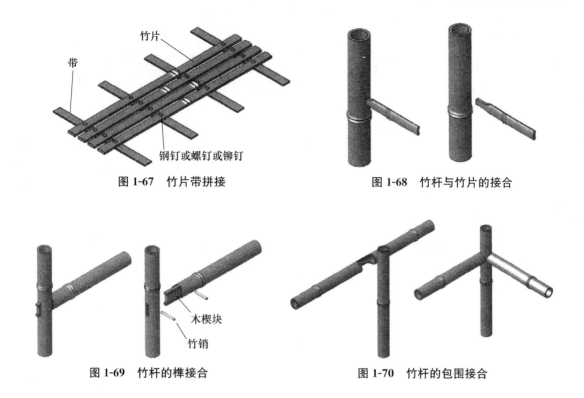

图 1-67　竹片带拼接

图 1-68　竹杆与竹片的接合

图 1-69　竹杆的榫接合

图 1-70　竹杆的包围接合

1. 2. 3. 4　藤家具结构

制造藤家具的材料有天然藤条与藤皮、人造藤条与藤皮等。直径较大的粗藤条通过弯曲、榫和缠绕等接合构成支架式藤家具。直径较小的细藤条则用编织的方法构成藤家具。藤皮通过编织的方法构成藤家具的部件，藤皮还用于接合部位的缠绕，实现藤条间的接合。

粗藤条的接合主要有榫接合、钢钉接合、竹销接合、藤皮缠绕接合等。图 1-71 示出了藤条下型节点缠绕接合方法，接合时首先要用藤皮拉紧两根藤条，拉紧的方法有两种：一种方法是在一根藤条上钻一个孔，用藤皮穿过该孔包缠另一根藤条，并用竹销打入孔内固定藤皮（图 1-71 左）；另一种方法是用一段藤皮包缠藤条，藤皮的端头用元钉固定（图 1-71 中），最后用藤皮缠绕水平藤条（图 1-71 右）。图 1-72 示出了藤条立体三交型节点缠绕接合方法，图 1-73 示出了藤条 Y 型及 IC 型节点缠绕接合方法，图 1-74 示出了藤条十字型节点缠绕接合方法，图 1-75 示出了 L 型节点缠绕接合方法，图 1-76 示出了藤条、藤皮的编织方法。

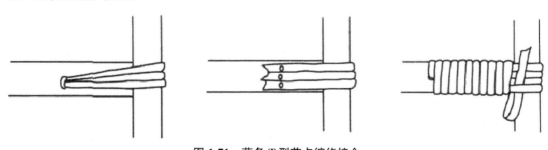

图 1-71　藤条 T 型节点缠绕接合

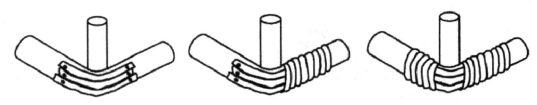

图 1-72　藤条立体三交型节点缠绕接合

图 1-73　藤条 Y 型、IC 型节点缠绕接合

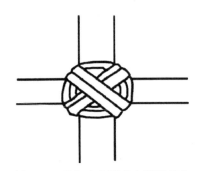

图 1-74　藤条十字型节点缠绕接合

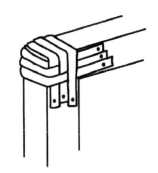

图 1-75　L 型节点缠绕接合

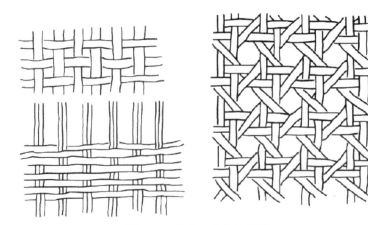

图 1-76　藤条、藤皮的编织

1.2.3.5　软体家具结构

1. 沙发

沙发的结构可分为有骨架材料沙发和无骨架材料沙发两种。有骨架材料沙发是指家具

的形体及力学支承依赖硬质材料，如木材、木质材料、金属、塑料等来实现的沙发。有骨架材料构成的沙发又可分为有外露骨架结构和无外露骨架结构的沙发两种。以下主要介绍无外露骨架结构沙发的结构。

金属骨架的用材主要是钢管和成型薄钢板接合，主要以焊接和螺纹接合为主。木材、木质材料骨架的用材有实木、厚胶合板、定向结构刨花板、LVL、弯曲 LVL 等，目前生产中以实木和厚胶合板为主。实木骨架的接合可采用榫接合、木螺钉接合、钉接合、五金连接件接合。为了简化生产工艺提高生产效率，对于不可见的接合部位常用钉接合。常见的钉接合方式有普通元钉接合、针状气枪钉接合、U 型气枪钉接合。

沙发的弹性材料有金属弹性材料和非金属弹性材料两大类。金属弹性材料有圆柱形压缩弹簧、单圆锥形压缩弹簧、双圆锥形压缩弹簧、圆柱形拉伸弹簧、蛇形弹簧、板型弹簧等。非金属弹性材料有聚氨酯泡沫、乳胶海棉、天然纤维棉、人造纤维棉、橡胶绷带、弹力布、弹力绳、皮革等。

沙发弹性体的结构有单一型与复合型两大类。单一型是指只使用一种弹性材料为主构成的沙发弹性体，复合型是指使用多种弹性材料构成的沙发弹性体。

常见的单一型沙发弹性体结构有在沙发框架上绷上弹力布、弹力绳、皮革等弹性材料或在沙发底座上铺上泡沫、纤维等弹性材料。

复合型沙发弹性体通常有金属弹性材料和非金属弹性材料混合构成。通常由各种弹簧或绷带或绷布作减振的底层、其上面铺上的多层泡沫或纤维作辅助减振及保证良好触感的中层与面层构成弹性体的表面要包裹上面料，底层与中层间要夹上保护中层的高强度布。底层的构造见图 1-77～82 所示。图 1-77 是压缩型弹簧的常见固定方法。图 1-77a、b 分别示出了用 U 型钉和金属压扣件将弹簧固定到木材底座上的连接方法，图 1-77c 示出了弹簧固定到金属底座上的连接方法，图 1-77d 示出了用绳子固定弹簧自由端的方法。图 1-78 示出了拉伸型弹簧的固定方法，图 1-78a 的拉伸型弹簧并排紧密排列，并相互咬合形成弹性网结构，网的四周由拉簧拉紧，图 1-78b 的拉伸型弹簧按一定间隔并行排列，图 1-78c 的拉伸型弹簧则连成三角形，图 1-78d 示出了拉伸型弹簧与金属、木材框架的连接方法。图 1-79、图 1-80 分别示出了蛇形弹簧和板型弹簧的固定方法。图 1-81、图 1-82 分别示出了绷带和绷布的固定方法。

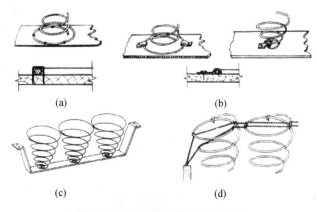

(a)　　　　　　　　　(b)

(c)　　　　　　　　　(d)

图 1-77　压缩型弹簧的固定方法

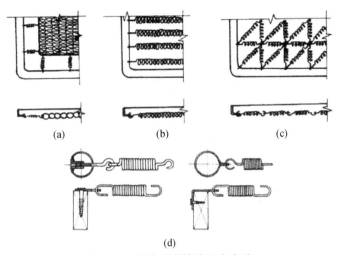

图 1-78 拉伸型弹簧的固定方法

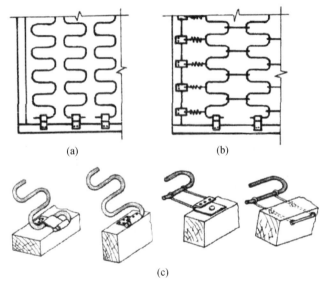

图 1-79 蛇形弹簧的固定方法

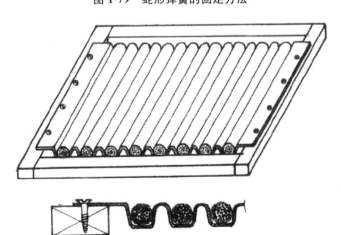

图 1-80 板型弹簧的固定方法

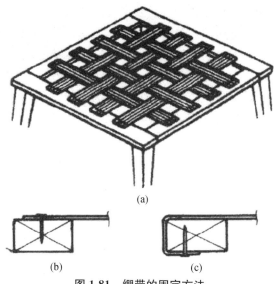

(a)

(b)　　　　　　　(c)

图 1-81　绷带的固定方法

2. 床垫

床垫有棉纤维床垫、泡沫床垫、植物茎床垫、充气床垫、弹簧软床垫等。棉纤维床垫和泡沫床垫均由外套和内胆组成。外套一般由厚质地的布缝制而成，侧边装上拉链，用于脱卸内胆。内胆的外层可用无纺布或薄质地的布缝制而成，内填天然棉或人造棉或聚氨酯泡沫，聚氨酯泡沫填料可以是单层结构，也可以是表软内硬的多层结构。植物茎床垫是由用棕丝或椰子壳等植物茎分解的丝胶压成的片状芯层材料、薄的泡沫与无纺布复合而成的柔软层、面料层组成。充气床垫由气囊、连接和保护气囊的层、面料层组成。气囊用橡胶或软塑料制成，结构可为并排管状、蜂窝状等，气囊有整体式和分体式两种。分体式的气囊用高强度的帆布缝合连接成一体，帆布除起连接作用外还起保护气囊不受破损的作用。面料层多用质地柔软、透气性好的纤维织物缝制而成。

弹簧软床垫最常见的是上下对称的三层结构，如图 1-82 所示。表层要求触感和透气性好，材料构成自表向里依次为行花复合面层（面料、薄型低密度泡沫、无纺布缝合而成）、泡沫层、无纺布或麻布。中层要求材料有一定的可挠性、连续性、适当的刚度，其目的是分散弹簧的支承力和形成过渡流畅的支承人体曲面，中层材料通常使用棕丝或椰壳丝的片材。芯层要求能吸收人体落卧或翻身时产生的振动，由几百个弹簧排列连接成一整体。

图 1-82　三层结构弹簧软床垫

　　弹簧软床垫的芯层结构有布袋式和穿簧式两种结构。布袋式结构是将每个圆柱弹簧装入一小布袋，相邻两个小布袋间用线缝合形成整体的床垫芯层。穿簧式结构使用双圆锥弹簧，相邻两个弹簧间的端头用一根穿簧缠绕形成整体的床垫芯层。弹簧软床垫芯层的四周边缘设有加强钢丝，上下边缘的加强钢丝用 M 型弹簧作补强，使床垫的四周坚挺。

　　目前国内外市场上出现了多款新型的床垫，其共同的特点是床垫的弹性可以调节增加软床垫的舒适性。例如，将传统的整体式床垫改变为由若千个独立单元组成的组合床垫，制造商按功能要求生产出弹性不同的单元垫，消费者可根据个人要求选购单元垫，并按喜好排列组合成整个床垫。再如日本松下电气开发出了一种利用调节空气压力大小来改变弹性的新型床垫，该床垫在长度方向上划分为八个区域，每个区域为一独立气囊，并可通过自带的气泵和阀门调节气囊内空气压力的大小，调节采用微电脑控制。

第 2 章　机械加工基础

2.1　机械加工基础知识

2.1.1　机械加工基准

2.1.1.1　工件的定位与安装

木制品生产过程中，加工基准选择的正确与否，对能否保证零部件的尺寸精度和相互位置精度要求，以及对零件各表面间的加工顺序安排都有很大影响。

（1）定位：在进行切削加工的时候，必须先把工件放在设备或夹具上，使它和刃具之间具有一个正确的相对位置，这种相对位置就叫定位。

（2）夹紧：工件在定位后，还不能承受加工时的切削力，为了使它在加工过程中保持正确的位置，还需将其固定，这种固定就叫夹紧。

（3）定基准：从定位到夹紧的整个过程即为定基准。

（4）工件定位的"六点"规则：工件在空间具有六个自由度，为了使工件相对于生产设备和刃具准确的定位，就必须约束这些自由度，使工件在设备或夹具上相对地固定下来；把工件放在由 $X-Y$ 组成的平面上，不能沿着 Z 轴移动，也不能绕 X 轴和 Y 轴转动，这样就约束了三个自由度；如果又将工件靠在 $X-Z$ 组成的平面上，工件便不能沿 Y 轴移动和绕 Z 轴转动，又约束了两个自由度；最后当把工件靠在 $Y-Z$ 组成的平面上，工件便不能沿 X 轴移动，于是又约束了沿 X 轴的自由度。至此，工件的六个自由度就全被约束了。从而使工件能在设备上准确地定位和夹紧，这就是工件定位的"六点"规则；在进行切削加工时，有时仅需要约束一些自由度，有时须约束两个、三个、四个、五个或六个自由度，这需根据生产工艺和设备的加工方式来确定。如排钻打孔约束六个自由度，四面刨约束了五个自由度（图 2-1）。

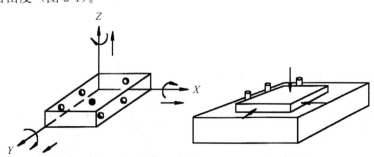

图 2-1　工件定位的六点规则

2.1.1.2 基准的基本概念

基准是为了使零部件在设备上相对于刀具或在产品中相对其它零部件具有正确的位置，需利用一些点、线、面来定位，这些点、线、面就叫基准。根据基准的作用不同，可以分为设计基准和工艺基准两大类。

1. 设计基准

在设计时用来确定产品零部件与零部件之间相互位置的那些点、线、面称为设计基准。在木制品设计时，我们所用的一些尺寸界限、中心线等都是设计基准。值得注意的是，在产品设计过程中，设计基准的选择必须考虑到加工过程中的工艺基准，否则加工出的零部件会出现加工精度偏低的问题（图2-2）。

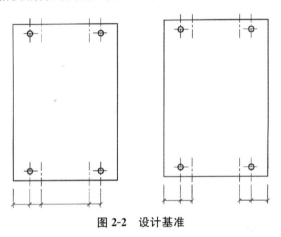

图 2-2　设计基准

2. 工艺基准

在加工、测量或装配过程中，用来确定与该零部件上其余表面或在产品中与其它零部件的相对位置的点、线、面称为工艺基准。工艺基准按用途不同又可分为定位基准、装配基准和测量基准。

（1）定位基准：在加工时、用来确定加工表面与设备、刀具间相对位置的点、线、面称为定位基准。如：压刨、宽带砂光机等是用零部件的一个面作基准，加工相对面；卧式精密裁板锯、平刨等是用零部件的一个面作基准，加工相邻面。定位基准的使用是否合理，直接关系到零部件的加工质量，特别在板式零部件加工中更为突出。

在加工过程中，由于工件加工程度不同，定位基准可分为粗基准，辅助基准和精基准。凡用未经过加工的表面作为基准的，称为粗基准。在加工过程中，只是暂时用来确定某个加工位置的面，称为辅助基准（辅面）。凡用已经达到加工要求的表面作为基准时，称为精基准。在卧式裁板锯上裁板时，人造板的四个边中必须有一个边靠在裁板锯的侧长边上，另一个边靠在推板器上。起初人造板的一边靠在裁板锯上的侧长边上所用的基准就是粗基准，另一个边靠在推板器上的边就是辅助基准。但进一步加工时，就没有粗基准了。

（2）装配基准：在进行部件装配或产品总装配时，用来确定零件或部件与产品中其它零部件的相对位置的边或面称为装配基准。在部件装配或产品的总装配时，必须按照设计的要求有顺序地进行装配，这样就需要确定装配的基准，以保证部件或产品的精度。

（3）测量基准：用来检验已加工表面的尺寸及位置的边或面，称为测量基准。

2.1.2　机械加工精度

木制品生产过程中，零部件的加工精度直接决定产品质量，只有弄清各种误差的本质，以及它们对加工精度影响的规律，掌握控制加工误差的方法，才能获得预期的加工精度，得到提高加工精度的途径。

2.1.2.1　加工精度的基本概念

（1）加工精度：加工精度是指零部件加工后所得到的尺寸、几何形状和位置等参数的实际数值和理论数值（图纸上规定的）相符合的程度。二者之间的差距越小，加工精度就越高；反之加工精度就低，也就是加工误差大。任何一种加工方法，不论多么精密，经加工后都不可能与图纸的尺寸完全一致。总有一些误差，即使是成批加工时也不可能完全一样。这是因为设备有误差。从保证产品的使用性能分析，没有必要把每个零件都加工得绝对准确，可以允许有一定的加工误差，只要加工误差不超过图样规定的偏差，即为合格品。研究分析加工误差的产生原因，掌握其变化的基本规律，是保证和提高零件加工精度的主要措施。

（2）尺寸误差和精度：尺寸误差是零部件加工后，实际尺寸与图纸规定的尺寸之间的偏差。如长度上产生的误差 ΔL，宽度上产生的误差 ΔB，厚度上产生的误差 ΔT。尺寸精度是零部件加工后，实际尺寸与图纸规定尺寸相符合的程度。

（3）几何形状误差和精度：几何形状误差是零部件加工后，实际的形状与图纸规定的几何形状不符合，两者产生的偏差。相邻两面的夹角不成直角 $a=90°$ 或不符合规定的角度，实际角度为 a'，即 $\Delta a=a'-a$。理论表面的平整度与实际表面的不平度而产生的翘曲度即 ΔS。几何形状精度是零部件加工后，实际的形状与图纸规定的几何形状相符合的程度。

图 2-3 中规定的长度为 L_1，宽度为 B_1，厚度为 T_1，而加工出来的零部件的长度为 L_s，宽度为 B_s，厚度为 T_s，$\Delta L=|L_s-L_1|$，$\Delta B=|B_s-B_1|$，$\Delta T=|T_s-T_1|$。

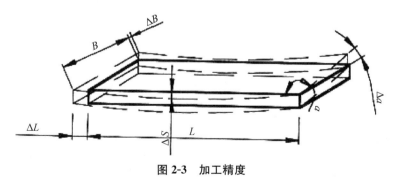

图 2-3　加工精度

所以，通过以上分析我们得出加工精度与加工误差的关系：实际数值和理论数值（图纸上规定的）相符合的程度越高，二者之间的差距小，加工精度高，加工误差小。实际数值和理论数值（图纸上规定的）相符合的程度越低，二者之间的差距大，加工精度低，加工误差大。在实际生产过程中必须保证产品的加工精度，将误差控制在一定的范围内。

（4）系统性误差和偶然性误差：加工误差因其性质的不同，可分为系统性误差和偶然性误差。其中，系统性误差可分为常值和变值系统性误差。常值系统性误差是指顺次加工一批工件过程中，其大小和方向保持不变的误差，称为常值系统性误差。例如加工原理误差和机床、夹具、刀具的制造误差及工艺系统的受力变形等，都是常值系统性误差。此外，机床、夹具和量具的磨损速度很慢，在一定时间内也可看作是常值系统性误差。变值系统性误差是指顺次加工一批工件中，其大小和方向按一定规律变化的误差（通常是时间的函数），称为变值系统性误差，如在压刨上加工零部件的厚度尺寸，随着加工时间的延长，刨刀磨损，造成零部件厚度误差具有一定规律的变化。偶然性误差是指当加工一批零部件时，其误差大小和方向都是随机不固定的，或者并不符合某一明显的规律，是许多相互独立工艺因素微量的随机变化和综合作用结果，这种误差称为偶然性误差。偶然性误差是一个或若干个偶然性因素造成的，这些因素的变化没有规律性。如因木材树种及材性的变化，零部件加工余量的不一致等引起的误差。

在实际生产过程中，我们应该尽量减少原始误差，原始误差按产生的时间可分为加工前误差，加工中误差和加工后误差，其中加工前误差包含加工原理误差、调整误差、机床误差、夹具误差、工件装夹误差和刀具制造误差；加工中误差包含工艺系统受力变形、工艺系统热变形和刀具磨损；加工后误差包含残余应力引起变形和测量误差。

2.1.2.2 影响加工精度的因素

影响加工精度的因素涉及到很多方面。如生产工人的技术水平，操作设备的熟练程度，劳动条件，劳动环境等等。为此我们仅仅分析零部件在设备上加工时可能产生误差的情况及影响因素。

1）设备的结构和几何精度

设备本身具有一定的制造精度，在加工时可能出现的问题有：刀轴的径向和轴向跳动；床身、导（靠）尺、刀架、工作台的平直度；导（靠）尺对刀轴轴心线的垂直度和平行度；传输部分的间隙；设备的磨损等。解决这些问题要确保生产设备的精度，这样才能生产出高精度的产品；加强设备的维修、保养和定期检查，以确保生产设备的加工精度。

2）刀具结构、制造、安装精度及刀具的磨损

刀具的结构：要考虑刀具使用的材料；选择固定式刀具还是组合式刀具。固定式刀具的精度取决于制造时的制造精度，而组合式刀具除了单体的制造精度外还要考虑组合时的安装精度，但后者在现代木制品生产中被广泛使用，这主要是使用方便，便于变换加工形式。

安装精度：在一些刨类刀具的安装中，一些企业使用对刀器进行刀具安装，对刀器的制造精度及正确使用是非常重要的，另外工人安装刀具的技术水平也是非常重要的。

刀具的磨损和刃磨：刀具的磨损对加工精度的影响非常大；现代木制品设备使用了一些新型刀具，其刃磨方法也发生改变，因此正确的刃磨方法、刃磨设备的精度以及刃磨设备主轴和设备刀具轴的同心度等，都将直接影响着刀具的刃磨精度以及加工时的精度。

3）夹具、模具的精度及零部件在夹具、模具上的安装误差

夹具、模具的精度及零部件在夹具、模具上的安装误差：组成夹具、模具等零部件的

制造精度；模具、夹具的安装方法及安装的精度；夹具、模具受力变形而引起的加工误差。

夹具、模具本身的精度必然会引起零部件的加工误差。为减少这种误差，应该使夹具和模具具有合理的结构和较高的制造精度，采用刚度好的材料制造，使其具有足够的刚度，减少在夹紧力和切削力作用下产生的变形。

4）工艺系统的弹性变形

工艺系统：在生产中，设备、刀具、夹具和零部件构成的系统称为工艺系统。

总位移：总位移等于弹性变形和位移之和。

弹性变形和位移：在外力的作用下（压紧力、切削力、偏心力或离心力、进给力、摩擦力）使系统产生了变形，这种变形称弹性变形。工艺系统各个环节的接触有间隙，这种间隙称位移。

总位移大，加工精度低，加工误差大，总位移的大小取决于外力和工艺系统的刚度，加工余量的大小和刀具的钝化程度等因素的影响。

从工艺的角度来看，在切削力的作用下，刀具在零部件表面加工时发生了相对位置的变形，这种变形对加工精度影响最大。

工艺系统的刚度是工艺系统抵抗变形的能力。当工艺系统的刚度 J 一定时，切削阻力 Py 越大，总位移 Y 也越大；当工艺系统的刚度 J 足够大时，切削阻力 Py 大时，总位移 Y 也不会有太大的变化。因此工艺系统的刚度取决于设备的刚度以及工、夹、模、刀具的刚度。同时也要求设备及工、夹、模、刀具不仅应有良好的静态刚度，还要具有良好的动态刚度。各个环节刚度之和称为工艺系统总刚度。由此可见，要减少工艺系统的弹性变形，就要从两方面去考虑，一是减少切削用量、降低切削力，但这样会降低生产效率；二是设法提高工艺系统各环节的刚度，采用加固设备和夹具，提高设备、零部件间相互接触面的配合质量，增大零部件间的实际接触面积，减少加工时的振动，达到减少弹性变形的目的。

5）量具和测量误差

工件在加工过程中要用各种量具、量仪等进行检验测量，再根据测量结果对工件进行试切或调整机床。量具本身的制造误差、测量时的接触力、温度、测量正确程度等，都直接影响加工误差。因此，要正确地选择和使用量具，以保证测量精度，测量误差。由于量具本身精度、测量方法不同及使用条件的差别（如温度，操作者的细心程度等），它们都影响测量精度，因而产生加工的误差。因此，在选择测量工具时，要选择同一厂家、同一批号和统一验证的测量工具。测量工具的种类较多，制造精度也不一样，测量长度和宽度时要选择同一测量精度的测量工具，对选择测量深度和厚度时，要选择同一测量精度的测量工具。测量工具的磨损要及时更换，在可能的情况下要全部更换，避免出现不同厂家、不同批次的测量工具在生产车间的使用，导致不同的测量结果，同时测量的方法和测量时读数的主观性都会产生不同的测量结果。

6）设备的调整误差

在机械加工的每一道工序中，总是要对工艺系统进行这样或那样的调整工作。由于调整不可能绝对地准确，因而产生调整误差。

设备调整的正确与否，直接影响零部件的加工精度。设备调整的精确程度与调整方法、调整时所用的工具及操作人员的技术水平等因素有关，调整得越精确，加工误差越小；反之，则误差增大。对于非数控的设备，其调整一般用试件来进行。首先设备在静态下，按标尺调整好刀具与零部件间的相互位置，然后用试件加工测试。对于数控的设备，如精密卧式裁板锯、宽带式砂光机、数控镂铣机以及加工中心等设备，以设备调整的数值显示为准，但必须定期归零校正，确保尺寸无误，归零不到位时，在一些设备上可以采取增加或减少不到位的余数来保证加工精度。

7）加工基准的误差

设计基准只有一个，而工艺基准因加工设备、工序和加工方法的不同，而有几个或多个，工艺基准的选择必须遵循以下原则：在保证加工精度的条件下，尽量减少基准的数量，尽量选择同一工艺基准。

8）材料的性质

木材在进行加工前，必须经过干燥处理。因此木材的干燥基准要正确，干燥后对木材要进行终了处理，以消除内应力。胶压或胶合后的毛料，需陈放一定的时间再加工，以消除内应力。针对软材和硬材要对设备、刀具进行调整，不同的树种留出不同的加工余量。

9）基准面的选择

基准实行"基准统一"的原则，尽量选择较长、较宽的面作基准面，以保证零部件的加工稳定性；尽可能选用零部件的平面作基准面，对于曲线形零部件，应选择凹面作基准面，尽量采用精基准；设计基准和工艺基准（定位基准、装配基准、测量基准）要尽量重合，实行"基准重合"的原则；基准的选择要便于零部件的安装及加工。

2.1.3 机械加工表面粗糙度

加工精度是衡量零部件加工尺寸和形状的重要指标，而表面粗糙度是评定零部件表面加工质量的重要指标。

2.1.3.1 表面粗糙度的概念和类型

表面粗糙度：经过切削加工或压力加工的木材或人造板，在加工表面会留下各种各样的加工痕迹，这种加工痕迹称为表面粗糙度。在生产中，由于受到生产设备的几何精度、切削刀具的几何精度、胶压时所施加的压力、材质及含水率等因素的影响，在零部件表面会留下各种加工不平度。

表面粗糙度的类型，可分为宏观不平度和微观不平度。而理论研究和生产中所指的表面粗糙度常常是微观不平度。宏观不平度是指外形尺寸比较大的单个加工缺陷。宏观不平度产生的原因，一是生产设备稳定性能差及精度低，二是木材发生了翘曲变形。微观不平度是指外形尺寸相对比较小的加工缺陷。

根据加工后遗留下的缺陷的形式又分为以下六种类型：

（1）弹性恢复不平度：切削加工时、刀具在木材表面挤压，解除压力后，木材因弹性恢复而形成的不平。这是由于各部分材料的密度和硬度不同，当解除压力后木材弹性恢复不同而产生的加工缺陷。

（2）刀具痕迹和波纹：在加工过程中，零部件的切削表面常出现呈梳状或沟状的波纹，其形状、大小和方向取决于刀具的几何形状和切削运动的轨迹。如用圆锯片锯解的木材表面留下的弧形锯痕，这些就是刀具痕迹。工艺系统的刚度产生的位移称为波纹痕迹。

（3）破坏不平度：加工时，木材表面上成束的木纤维被剥落或撕开的结果。如果加工时切削用量或切削方向不当，这种不平度就要增大。在铣削或旋铣加工过程中木材表面会经常出现这种类型的不平度。

（4）木毛：单根纤维的一端与木材表面相连而另一端竖起或紧贴在木材表面上。

（5）毛刺：成束或成片的木纤维还没有与木材表面完全分开。

（6）构造不平度：由于木材细胞腔被切破而形成凹凸不平，或由于碎料板表面微粒形状尺寸和位置情况不同而形成。

2.1.3.2 表面粗糙度对木制零部件工艺性能与使用性能的影响

（1）表面粗糙度对加工余量的影响：零部件的表面粗糙度高，对应的加工余量就会增大，并导致原材料消耗加大、废料增多。在机械加工中，如果一次加工完成，零部件受力增大，工艺系统的总位移加大，加工精度降低。如果采用多次加工，劳动生产率会大大降低。

（2）对胶合、胶贴和装饰质量的影响：互相胶贴的原材料表面粗糙度大，涂胶量就会加大，使胶接面的胶层增厚，胶层在固化时会产生内应力，使胶合强度降低；同样零部件的表面粗糙度大，砂削程度就会加深，有时还需要增加打腻等工序。在涂饰工段中，涂料固化后易出现漆膜不平现象。

2.1.3.3 影响表面粗糙度的因素

表面粗糙度的产生是切削过程中，下列各种因素相互作用的结果：

（1）切削用量的大小：它涉及到切削速度、进料速度、吃刀量（切削层的厚度）。

（2）切削刀具：它涉及到刃具的几何参数、刃具的制造精度、刃具工作面表面光洁度以及刀具的刃磨方法和刀具的磨损情况。

（3）生产设备、零部件、夹具、模具和刀具组成的工艺系统的刚度及稳定性。

（4）原材料的物理力学性质：原材料的硬度、密度、弹性、含水率等方面。

（5）切削方向：横向纹理还是纵向纹理的切削，在纵向切削时，还要考虑是顺纹理切削和逆纹理切削。

（6）除尘系统的除尘效果是否理想，是否有锯屑或刨花残留在零部件的加工表面。

（7）加工余量变化时，使刃具对木材的切削力发生一定的变化。

（8）其它偶然性因素：如调刀、刀头松动等等。

2.1.3.4 表面粗糙度的测量

表面粗糙度测量一般是用测量表面轮廓的方法来评定，要使测量的轮廓与实际表面相一致，就要求测量仪器与被测零部件没有或仅有极小的接触压力。

非接触式测量法：测量工作头与测量表面不接触，通常使用的是双筒显微镜及光源镜筒组成的测量仪器。

接触测量法：依靠测量工作头与被测表面直接接触，测定出零部件表面粗糙度的数值，通常使用的轮廓法触针式表面粗糙度的测量仪、轮廓记录仪及曲线制轮廓仪。

比较法：通过不同加工方法加工出的试件作比较样块，将加工出的零部件表面与表面粗糙度样块进行比较，通过视觉、触觉评定出加工零部件的表面粗糙度。在 GB/T 14495—2009《产品几何技术规范（GPS）表面结构轮廓法——木制件表面粗糙度比较样块》的标准中，对于样块的制造方法和表面特征等均有规定。

2.1.4　机械加工工艺过程

2.1.4.1　生产过程

生产过程是所有与将原材料制成产品相关的过程总和，也是从生产准备工作开始，直到把产品生产出来为止的全部过程，称为生产过程。家具的生产过程包括：原辅材料的运输和保存；产品的开发和设计；加工设备的调整、维修和保养；刀具、工具及能源的订购和供应；配料、零部件机械加工、胶合、装配和装饰；零部件和产品的质量检验和包装、入库保管；生产的组织和管理；工业卫生和环境保护等。

2.1.4.2　工艺过程

通过各种加工设备改变原材料的形状、尺寸或物理性质，将原材料加工成符合技术要求的产品时，所进行的一系列工作的总称为工艺过程。家具生产工艺过程包括材料制备、机械加工、胶合与胶贴、软化、弯曲、装配、涂饰、装饰、检验、入库等工作。

工艺过程是生产过程中的主要部分。工艺过程是否合理主要取决于：①生产工艺路线是否流畅；②车间的规划和工段的划分是否合理；③工作位置的组织和加工设备的选择与布局是否优化；④零部件的加工工序的多少和工序之间的匹配是否平衡；⑤零部件及产品的加工质量和产量是否保证；⑥原辅材料及能源的消耗是否降低；⑦劳动生产率和生产效益是否提高；⑧劳动保护和生产环境是否安全清洁等。

因此，在制定和安排工艺过程不仅要考虑产量和规模、提高劳动生产率和生产效益，更重要的是要遵循家具生产的基本理论、基本原理和基本方法，实施标准化和规范化生产，重视加工质量，加强质量检验和管理，这样才能保证产品质量，提高产品的可靠性，减少返修工作，从而获得优质、高产、低耗、高效的经济效果。

2.1.4.3　工艺过程的构成

根据加工特征或加工目的，木家具生产工艺过程一般由制材、干燥、配料、毛料加工、胶合与胶贴、弯曲成型、净料加工、装饰、装配等若干个工段构成。各工段又分别包含若干个工序。工序是生产工艺过程的常用组成单位。

1）加工工段

木家具生产主要以原木制材得到的天然实木锯材和各种木质人造板为原料。不同类型和结构的木家具，其工艺过程略有区别，但木家具生产工艺过程通常大致由以下几个加工工段构成。

制材：是将原木进行纵向锯解和横向锯断成锯材或成材的过程。目前，木家具生产企业一般都不设制材工段或车间，直接购进锯材或成材。

干燥：为保证家具的产品质量，生产中要对锯材的含水率进行控制，使其稳定在一定范围内，即与该家具使用环境的年平均含水率相适应。因此，锯材加工之前，必须先进行干燥。对于人造板材或集成材等也应控制其含水率。

配料：锯材和各种人造板的机械加工，通常是从配料开始，经过配料锯切成一定尺寸的毛料。配料工段主要是在满足工艺加工的产品质量要求基础上，使原料达到最合理、最充分地利用。木材干燥与配料工段的先后顺序，因家具的结构而有所不同。可以是先进行锯材干燥然后配料；也可以先进行配料再进行毛料干燥，在实际生产中，两种情况都存在。但是先干燥后配料从理论上浪费能源，先配料后干燥容易出现毛料废品，因此应该具体问题具体分析。当前的生产企业多数采用先干燥后配料。

毛料加工：主要是对毛料的四个表面进行加工，截去端头，切除预留的加工余量，使其变成符合要求而且尺寸和几何形状精确的净料。主要包括基准面加工、相对面加工、精截等；有时还需要进行胶合、锯制弯曲等加工处理。

净料加工：是指对净料进行开榫、起槽、钻孔、打眼、雕刻、铣型、磨光等，通过这些加工使净料变成符合设计要求的零件。

胶合与胶贴：主要是指实木方材胶拼、板式部件的制造、覆面或贴面、边部处理（封边、镶边、包边等）等。

弯曲成型：主要是指通过实木方材弯曲、薄板胶合弯曲、锯口弯曲等方法对木材或木质材料进行弯曲加工处理，使其变成符合设计要求的曲线形零部件。

装饰：是指采用贴面、涂饰以及特种艺术装饰等方法对木质白坯进行装饰处理，使其边、面覆盖一层具有一定硬度、耐水、耐候性等性能的膜料保护层，并避免或减弱阳光、水分、大气、外力等的影响和化学物质、虫菌等的侵蚀，防止制品翘曲、变形、开裂、磨损等，延长其使用寿命，同时，赋予其一定的色泽、质感、纹理、图案纹样等明朗悦目的外观装饰效果，给人以美好舒适的感受。

装配：是指按产品设计要求，采用一定的接合方式，将各种零部件及部件组装成具有一定结构形式的完整产品，以便于使用。它包括部件装配和总装配。总装配与装饰的顺序应视具体情况而言，它们的先后顺序也取决于产品的结构形式。非拆装式家具一般是先装配后装饰；而待装式家具、拆装式家具或自装式家具则是先装饰后装配。可进行标准化和部件化的生产、贮存、包装、运输、销售，占地面积小、搬运方便，便于生产、运输、销售和使用，是现代家具中广泛采用的加工方式。

2）加工工序

工艺过程各工段又由若干个工序组成，或工艺过程是由若干个工序组成。

工序是由一个（或一组）工人在一个工作位置上对一个或几个零部件所连续完成的工艺过程的某一部分。工序是工艺过程的基本组成部分，也是木制品生产的基本单元。因此工序控制和管理的好坏直接影响着零部件的加工质量和生产效率。

工艺过程流程图：在生产过程中，按工序的先后顺序所编制的生产工艺走向图，或简称工艺流程图。

工艺过程路线图：木制品中所有零部件工艺过程流程图的汇总，或简称工艺路线图，见表2-1。

表 2-1　木制品生产工艺过程路线图

编号	零部件名	零部件尺寸	工作位置					
			裁板锯	封边机	排钻	装件	检验	包装
1	A件	——	○	○	○		○	○
2	B件	——	○	○	○	○	○	○
3	C件	——	○	○		○	○	○
＊＊	＊＊	＊＊						

注：表中圆圈表示要经过的工序

现代化木制品生产企业突出的特点是提高设备利用率，减少工序，倡导"一次性质量"，即各工序的生产质量为一次定"终身"。这样既避免多工序生产的累计误差大，同时亦可减少加工损失，简化生产工艺过程。

3）工序的分化和集中

工序的分化：工序的分化是使每个工序中所包含的工作量尽量减少，把较大的、复杂的工序分成一系列小的、简单的工序。

工序的分化的特点：生产设备的功能少、结构简单，设备的操作和调整容易；工具、夹具、模具和刀具的结构相对简单；工人技术水平要求不高；但同时带来生产设备的数量多，工序增多，生产设备占地面积相对较大，操作人员多，管理复杂，加工时累计误差增大，原材料的损失加大。

工序的集中：工序的集中是使零部件在尽可能一次安装后，同时进行多项加工，把一些小的、简单的工序集中为一个较大的和复杂的工序。

工序的集中的特点：选用多功能的生产设备，使生产设备的数量减少，工序就相应减少。这样大大减少了工件的装卸次数和时间，提高了生产设备的利用率，提高加工精度，简化了管理，缩短生产工艺流程和生产周期。但是生产设备的技术含量提高了，设备的调整、维修困难，工人技术水平要求较高。

在生产中，如何确定工序的分化和集中，要考虑企业的生产规模，设备状况，产品品种和结构，技术条件，工人技术水平，生产的组织及管理等。

4）工艺规程

规定产品或零部件制造工艺过程和操作方法等的工艺文件称为工艺规程。其中，规定零件机械加工工艺过程和操作方法等的工艺文件称为机械加工工艺规程。它是在具体的生产条件下，最合理或较合理的工艺过程和操作方法，并按规定的形式书写成工艺文件，经审批后用来指导生产。工艺规程是规定生产中合理的加工工艺和加工方法的技术文件。实际生产中的工艺卡片和检验卡片等都隶属于工艺规程。工艺规程的内容包括零部件或产品的设计文件；零部件或产品的生产工艺流程或工艺路线；设备、工具、夹具、模具和刀具的种类；零部件或产品的技术要求和检验方法；零部件或产品的工时定额；木制品生产中使用的原材料规格和消耗定额。

工艺规程的形式：工艺卡片、检验卡片合二为一，统称工艺卡片；原材料消耗定额单逐一列表说明，见表2-2。

表 2-2　工艺卡片

生产批号		零部件图及技术要求									
产品代号											
产品名称											
零部件代号											
产品代号		毛料净料料规格									
产品数量		合格量									
规格型号											
序号	工序名称设备	刀具规格及型号	模、夹具类型	工艺要求	生产车间	合格率	加工时间	完成时间	操作者	质检	质检员
1											
要点						工艺设计					
						审核					
						审批					
						XXX 有限公司					

　　工艺规程是指导生产的主要技术文件，是管理生产、稳定生产秩序的依据，是工人工作和计算工人工作量的依据；是生产组织和生产管理工作的基本依据，是原材料供应的依据，生产设备利用率的依据，生产计划制定的依据，生产工人配置以及产品检验和经济核算的依据；是新建或扩建工厂或车间设计的依据，是设备选型、设备配置、工艺布置、车间面积确定的依据，是生产工人定员、原材料的计算和工艺计算的依据。

2.1.5　劳动定额和时间定额

　　工序设计中的劳动消耗工艺定额，简称劳动定额，它是劳动生产率指标。劳动定额可用产量定额（在一定生产条件下，规定每个工人在单位时间内应完成的合格品数量）或时间定额（在一定生产条件下，规定生产一件产品或完成一道工序所需消耗的时间）来表示。常用时间定额作为劳动定额指标。

　　时间定额不仅是衡量劳动生产率的指标，也是安排生产计划、计算生产成本的重要依据，还是新建或扩建工厂（或车间）时计算设备和工人数量的依据。

　　制订时间定额应根据本企业的生产技术条件，使大多数工人经过努力都能达到，部分先进工人可以超过，少数工人经过努力可以达到或接近的平均先进水平。合理的时间定额能调动工人的积极性，促进工人技术水平的提高，从而不断提高劳动生产率。随着企业生产技术条件的不断改善，时间定额应定期进行修订，以保持定额的平均先进水平。

　　时间定额通常是由定额人员、工艺人员和工人相结合，通过总结过去的经验，并参考有关的技术资料直接估计确定的；或者以同类产品的工件或工序的时间定额为依据，进行对比分析后推算出来的；也可通过对实际操作时间的测定和分析来确定。

　　为了正确地确定时间定额，通常把工序消耗的时间分为基本时间 T_a、辅助时间 T_b、布置工作地时间 T_s、休息与生理需要时间 T_t，及准备和终结时间 T_e 等。

1）基本时间 T_a

基本时间是直接改变生产对象的尺寸、形状、相对位置、表面状态或材料性质等工艺过程所消耗的时间。对机械加工而言，就是直接切除工序余量所消耗的时间（包括刀具的切入和切出时间）。基本时间可由计算公式求出，例如，车削加工时的基本时间 T_a 为

$$T_a = \frac{lZ}{nfa_p}$$

式中　T_a——基本时间（min）；

　　　l——工作行程的计算长度，包括加工表面的长度、刀具切入和切出长度（mm）；

　　　Z——工序余量（mm）；

　　　n——工件的旋转速度（r/min）；

　　　f——刀具的进给量（mm/r）；

　　　a_p——切削深度（mm）。

2）辅助时间 T_b

辅助时间是为实现工艺过程所必须进行的各种辅助动作所消耗的时间。它包括装卸工件、开停机床、引进或退出刀具、改变切削用量、试切和测量工件等所消耗的时间。

辅助时间的确定方法随生产类型而异。大批量生产时，为使辅助时间规定得合理，需将辅助动作进行分解，再分别确定各分解动作的时间，最后予以综合；中批生产则可根据以往的统计资料来确定；单件小批生产则常用基本时间的百分比进行估算。

基本时间和辅助时间的总和称为作业时间 T_B，它是直接用于制造产品或零、部件所消耗的时间。

3）布置工作地时间 T_c

布置工作地时间是为使加工正常进行，工人照管工作地（如更换刀具、调整刀具、润滑机床、清理切屑、收拾工具等）所消耗的时间。T_c 不是直接消耗在每个工件上的，而是消耗在一个工作班内的时间，再折算到每个工件上的。一般按作业时间的 $2\% \sim 7\%$（以百分率 a 表示）计算。

4）休息与生理需要时间 T_d

休息与生理需要时间是工人在工作班内为恢复体力和满足生理上的需要所消耗的时间。T_d 也是按一个工作班为计算单位，再折算在每个工件上的。对由工人操作的机床加工工序，一般按作业时间的 $2\% \sim 4\%$（以百分率 β 表示）计算。

$$T_p = T_a + T_b + T_c + T_d = (1 + \alpha + \beta) T_B$$

5）准备与终结时间 T_e（简称准终时间）

准终时间是工人为了生产一批产品或零、部件，进行准备和结束工作所消耗的时间。例如。在单件或成批生产中，每当开始加工一批工件时，工人需要熟悉工艺文件，领取毛坯、材料、工艺装备、安装刀具和夹具、调整机床和其他工艺装备等所消耗的时间；加工一批工件结束后，需拆下和归还工艺装备，送交成品等所消耗的时间。T_e 既不是直接消耗在每个工件上，也不是消耗在一个工作班内的时间，而是消耗在一批工件上的时间，因而分摊到每个工件上的时间为 T_e/n。其中 n 为批量。因此，单件和成批生产的单件计算时间 T_c 应为

$$T_c = T_p + T_c/n = T_a + T_b + T_c + T_d + T_c/n$$

大量生产中，由于 n 的数值很大，$T_c/n=0$，可忽略不计，所以

$$T_c = T_a + T_b + T_c + T_d$$

2.1.6　加工精度

加工过程中，影响精度的因素很多、每种加工方法在不同的工作条件下，所能达到的精度会有所不同。例如，加工过程中，选择较低的切削用量，就能得到较高的精度，但是，这样会降低生产率，增加成本。反之，如增加切削用量而提高了生产效率，虽然成本能降低，但会增加加工误差而使精度下降。

由统计资料表明，各种加工方法的加工误差和加工成本之间的关系呈负指数函数曲线形状，如图 2-4 所示。图中横坐标是加工误差 Δ，沿横坐标的反方向即加工精度，纵坐标是成本 Q。由图可知，如每种加工方法欲获得较高的精度（即加工误差小），则成本就要加大；反之，精度降低，则成本下降。但是，上述关系只是在一定范围内，即曲线至 AB 段才比较明显。在 A 点左侧，精度不易提高，且有一极限值 Q；在 B 点右侧，成本不易降低，也有一极限值（Qi）。曲线 AB 段的精度区间属经济精度范围。

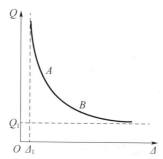

图 2-4　加工误差（或加工精度）与成本的关系

加工精度是指在正常加工条件下（采用符合质量标准的设备、工艺装备和标准技术等级的工人，不延长加工时间）所能保证的加工精度。若延长加工时间。就会增加成本，虽然精度能提高，但不经济了。

2.2　概念的拓展及方法的应用

2.2.1　制订工艺规程的基本要求、主要依据和制订步骤

2.2.1.1　制订工艺规程的基本要求

制订工艺规程的基本要求是，在保证产品质量的前提下，尽量提高生产率和降低成本。同时，还应在充分利用本企业现有生产条件的基础上，尽可能采用国内外先进工艺技术和经验，并保证良好的劳动条件。

由于工艺规程是直接指导生产和操作的重要技术文件，所以工艺规程还应做到正确、完整、统一和清晰，所用术语、符号、计量单位、编号等都要符合相应标准。

2.2.1.2　制订工艺规程的主要依据

（1）产品的装配图样和零件图样。

（2）产品的生产纲领。

（3）现有生产条件和资料，它包括毛坯的生产条件或协作关系、工艺装备及专用设备的制造能力、有关机械加工车间的设备和工艺装备的条件、技术工人的水平以及各种工艺资料和标准等。

（4）国内、外同类产品的有关工艺资料等。

2.2.1.3　制订工艺规程的步骤

（1）熟悉和分析制订工艺规程的主要依据，确定零件的生产纲领和生产类型，进行零件的结构工艺性分析。

（2）确定毛坯，包括选择毛坯类型及其制造方法。

（3）拟定工艺路线。这是制订工艺规程的关键一步。

（4）确定各工序的加工余量，计算工序尺寸及其公差。

（5）确定各主要工序的技术要求及检验方法。

（6）确定各工序的切削用量和时间定额。

（7）进行技术经济分析，选择最佳方案。

（8）填写工艺文件。

2.2.2　获得加工精度的方法

2.2.2.1　获得尺寸精度的方法

1）试切法

通过试切—测量—调整—再试切，反复进行，直到被加工尺寸达到要求为止的加工方法称为试切法。试切法的生产率低，但它不需要复杂的装置，加工精度取决于工人的技术水平和计量器具（工具、仪器、仪表）的精度，故常用于单件小批量生产，目前，我国红木家具企业多用这种方法来获得尺寸的精度。

2）调整法

先调整好刀具和工件在机床上的相对位置，并在一批零件的加工过程中保持这个位置不变，以保证工件加工尺寸的方法称为调整法。影响调整法精度的因素有：测量精度、调整精度、重复定位精度等。当生产批量较大时，调整法有较高的生产率。调整法对调整工的要求高，对机床操作工的要求不高，常用于成批生产和大量生产。

3）定尺寸刀具法

用刀具的相应尺寸来保证工件被加工部位尺寸的方法称为定尺寸刀具法。影响尺寸精度的因素有：刀具的尺寸精度、刀具与工件的位置精度等。当尺寸精度要求较高时，常用浮动刀具进行加工，就是为了消除刀具与工件的位置误差的影响。定尺寸刀具法操作方便，生产率较高，加工精度也较稳定。

4）主动测量法

在加工过程中，边加工边测量加工尺寸，并将所测结果与设计要求的尺寸比较后，或使机床继续工作，或使机械停止工作，这就称为主动测量法。目前，主动测量中的数值已经可用数字显示。主动测量法把测量装置加入工艺系统（即机床、刀具、夹具和工件组成的统一体）中，成为其第五个因素。主动测量法质量稳定、生产率高，是发展方向。

5）自动控制法

这种方法是把测量、进给装置和控制系统组成一个自动加工系统，加工过程依靠系统自动完成的。初期的自动控制法是利用主动测量和机械或液压等控制系统完成的。目前已采用按加工要求预先编排的程序，由控制系统发出指令进行工作的程序控制机床或由控制系统发出数字信息指令进行工作的数字控制机床（简称数控机床）、以及能适应加工过程中加工条件的变化，自动调整加工用量，按规定条件实现加工过程最佳化的适应控制机床进行自动控制加工。自动控制法加工的质量稳定、生产率高、加工柔性好、能适应多品种生产，是目前机械制造的发展方向和计算机辅助制造（CAM）的基础。

2.2.2.2　获得形状精度的方法

1）刀尖轨迹法

依靠刀尖的运动轨迹获得形状精度的方法称为刀尖轨迹法。刀尖的运动轨迹取决于刀具和工件的相对成形运动，因而所获得的形状精度取决于成形运动的精度。

2）仿形法

刀具按照仿形装置进给对工件进行加工的方法称为仿形法。仿形法所得到的形状精度取决于仿形装置的精度及其他成形运动精度。

3）成形法

利用成形刀具对工件进行加工的方法称为成形法。成形刀具替代一个成形运动。成形法所获得的形状精度取决于成形刀具的形状精度和其他成形运动精度。

4）展成法

利用工件和刀具作展成切削运动进行加工的方法称为展成法。展成法所得被加工表面是切削刃和工件作展成运动过程中所形成的包络面，切削刃形状必须是被加工面的共扼曲线。它所获得的精度取决于切削刃的形状和展成运动的精度等。

2.2.2.3　获得位置要求（位置尺寸和位置精度）的方法

工件的位置要求取决于工件的装夹（定位和夹紧）方式及其精度。工件的装夹方式有：

1）用夹具装夹

夹具是用以装夹工件（和引导刀具）的装置。夹具上的定位元件和夹紧元件能使工件迅速获得正确位置，并使其固定在夹具和机床上。因此，工件定位方便，定位精度高而且稳定，装夹效率也高。当以精基准定位时，工件的定位精度一般可达 0.01mm，所以，用专用夹具装夹工件广泛用于中、大批和大量生产。但是，由于制造专用夹具费用较高、周期较长，所以在单件小批生产时，很少采用专用夹具，而是采用通用夹具。当工件的加工精度要求较高时，可采用标准元件组装的组合夹具，使用后元件可拆回。

2）找正装夹

找正是用工具（和仪表）根据工件上有关基准，找出工件在划线、加工（或装配）时的正确位置的过程

2.2.2.4　提高劳动生产率的工艺途径

提高劳动生产率，必须正确处理好质量、生产率和经济性三者之间的关系；应在保证质量的前提下提高生产率、降低成本。提高劳动生产率是企业的一项根本任务。

提高劳动生产率的措施很多，技术性方面的措施又涉及到产品设计、制造工艺和组织管理等多个方面。现从制造工艺方面作简要分析。

缩减时间定额，首先应缩减占定额中比重较大的部分。在单件小批生产中，如红木家具生产过程中，辅助时间和准备与终结时间所占比重大。例如，某厂在五碟锯上生产批量较少的工件时，基本时间占20％，而辅助时间占50％，此时，应着重缩减辅助时间。在大批大量生产中，基本时间所占比重较大，例如，在家具标准部件生产过程中，基本时间占70％，而辅助时间仅占18％。此时，应采取措施缩减基本时间。

1）缩减基本时间

（1）提高切削用量

增大切削速度、进给量和切削深度都可缩减基本时间，这是广泛采用的非常有效的方法。

（2）减少或重合切削行程长度

利用n把刀具或复合刀具对工件的同一表面或n个表面同时进行加工，或者利用宽刃刀具或成形刀具作横向进给同时加工多个表面，实现复合工步，都能减少每把刀的切削行程长度或使切削行程长度部分或全部重合，减少基本时间。

（3）采用多件加工

① 顺序多件加工，工件按进给方向一个接一个地顺序装夹，从而减少刀具的切入和切出时间，即减少基本时间。

② 平行多件加工，工件平行排列，一次进给可同时加工n个工件。加工所需基本时间和加工一个工件相同，所以分摊到每个工件的基本时间就减少到原来的$1/n$。

③ 平行顺序加工，它是上述两种形式的综合结果，常用于工件较小，批量较大的场合，缩减基本时间的效果十分显著。

2）缩减辅助时间

缩减辅助时间的方法是使辅助操作实现机械化和自动化，或使辅助时间与基本时间重合。具体措施有：

（1）采用先进夹具。在大批大量生产中，采用高效的气动或液压夹具；在单件小批和中批生产中，使用组合夹具、可调夹具或成组夹具都能减少找正和装卸工件的时间。采用多位夹具，机床可不停机地连续加工，使装卸工件时间和基本时间重合。

（2）采用连续加工方法。在大量和成批生产中，连续加工在铣削平面和磨削平面中得到广泛的应用，可显著地提高生产率。

（3）采用主动测量或数字显示自动测量装置。主动测量的自动测量装置能在加工过程中测量工件的实际尺寸，并能由测量结果操作或自动控制机床。

3）缩减布置工作地时间

布置工作地时间中，主要是消耗在更换刀具和调整刀具的工作上。因此，缩减布置工作地时间主要是减少换刀次数、换刀时间和调整刀具的时间。减少换刀次数就是要提高刀具或砂轮的耐用度，而减少换刀和调刀时间是通过改进刀具的装夹和调整方法，采用对刀辅具来实现的。

4）缩减准备与终结时间

缩减准备与终结时间的主要方法是扩大零件的批量和减少调整机床、刀具和夹具的时间。在中小批生产中，产品经常更换，批量又小，使准终时间在单件计算时间中占有较大的比重。同时，批量小又限制了高效设备和高效装备的应用，因此，扩大批量是缩减准终时间的有效途径。目前，应用相似原理、采用成组技术以及零、部件通化用、标准化，产品系列化是扩大批量最有效的方法。

2.2.2.5　工艺过程的技术经济性分析

制订加工工艺规程时，通常应提出几种方案。这些方案都应满足工件的设计要求，如精度、表面质量和其他技术要求，而其生产率和成本则会有所不同。为了选取最佳方案，需进行技术经济性分析。

工艺过程的技术经济性分析有两种方法：一是对不同的工艺过程进行工艺成本的分析和评比，二是按相对技术经济指标进行宏观比较。

工件的实际生产成本是制造工件所必需的一切费用的总和。工艺成本是指生产成本中与工艺过程有关的那一部分成本，如毛坯或原材料费用、生产工人的工资、机床电费（设备的使用费）、折旧费和维修费、工艺装备的折旧费和修理费以及车间和工厂的管理费用等与工艺过程有关的那部分成本。行政总务人员的工资、厂房折旧和维修费、照明取暖费等，在不同方案的分析和评比中均是相等的，因而可以略去。

1. 工艺成本的组成

工艺成本按照与年产量的关系，分为可变费用 V 和不变费用 S 两部分。

（1）可变费用 V：它是与年产量直接有关，即随年产量的增减而成比例变动的费用。它包括材料或毛坯费、操作工人的工资、机床电费、通用机床的折旧费和维修费以及通用工装（夹具、刀具和辅具等）的折旧费和维修费等。可变费用的单位是元/件。

（2）不变费用 S：它是与年产量无直接关系，不随年产量的增减而变化的费用。它包括调整工人的工资、专用机床的折旧费和维修费，以及专用工装的折旧费和维修费等。不变费用的单位是元/年。专用机床和专用工装（夹具）专为某工件的某加工工序所用，它不能被其他工序所用。当产量不足、负荷不满时，就只能闲置不用；而专用机床和专用工装（夹具）的折旧年限是确定的。因此，专用机床和专用工装（夹具）的费用不随年产量的增减而变化。

判别可变费用和不变费用的另一方法是费用的单位，前者的单位是元/件，后者的单位是元/年。

工件生产成本的组成如下所示：

① 材料费 C_{cp}（元/件）

$$C_{cp} = C_c W_M - C_X W_X$$

式中　C_c——材料单位体积的价格（元/m³）；

　　　C_X——废料单位体积的价格（元/m³）；

　　　W_M——毛坯体积（m³）；

　　　W_X——废料体积（m³）。

② 操作工人的工资 C_{cc}（元/件）

$$C_{cc} = \frac{Z_z T_p}{60}\left(1 + \frac{\alpha}{100}\right)$$

式中　Z_z——操作工人每小时工资（元/h）；

　　　T_p——单件时间（min/件）；

　　　α——与工资有关的附加费用（如劳保费、奖金等）系数，一般取 $\alpha = 12 \sim 14$。

辅助工人如电工、勤杂工和运输工等的工资几乎与工艺过程无关，不计入工艺成本。

③ 机床电费 C_D（元/件）

$$C_D = \frac{S_D P_D}{60} T_b \eta_{EH}$$

式中　S_D——每千瓦小时电费（元/KW·h）；

P_D——机床电机额定功率（kW）；

T_b——基本时间（min/件）；

η_{EH}——机床电机平均负荷率，一般取 $50\%-60\%$。

④ 机床折旧费

（a）专用机床折旧费 C_{ZJ}（元/年）

$$C_{ZJ} = S_1 P_1$$

式中　S_1——机床价格（含运费和安装费，约占机床价格的 15%）（元）；

P_1——机床年折旧率，折旧年限为 10 年，$P_1 = 10\%$。

（b）通用机床折旧费 C_{TJ}（元/件）

$$C_{TJ} = \frac{S_J P_J T_P}{60 T_F \eta_1}$$

式中　T_F——机床每年工作总时数（h）；

S_J——机床价格（元）；

P_J——机床年折旧率；

T_P——单件时间（min/件）；

η_1——机床利用率，一般取 $80\%-95\%$。

⑤ 机床维修费 C_{JV}（元/年）

专用机床和通用机床的维修费每年均约为机床价格的 $10\%-15\%$。

⑥ 夹具费用

专用夹具费 C_{ZQ}（元/年）和通用夹具费 C_{TQ}（元/件）。

⑦ 刀具费用 C_A（元/件）

$$C_A = \frac{S_A + n S_A}{\tau (1+n)} T_b$$

式中　S_A——刀具价格（元）；

n——刀具可磨次数；

S_A——每次刃磨费用（元）；

τ——刀具耐用度（min）。

⑧ 调整工人工资 C_{TC}（元/年）

$$C_{TC} = \frac{Z_T T_T N}{60 n_p}\left(1 + \frac{\alpha}{100}\right)$$

式中　Z_T——调整工人每小时工资（元/h）；

T_T——每调整一次所需时间（min）；

N——年产量（件）；

n_p——批量。

α——与工资有关的附加费用（如劳保费和奖金等）系数，一般取 $\alpha = 12-14$。

上述 8 项费用均先按工序进行计算，然后算出各工序该项费用的总和。

可变费用 $V = C_{Cp} + C_{cc} + C_D + C_{TJ} + C_{JV} + C_{TQ} + C_A$

不变费用 $S = C_{ZJ} + C_{ZQ} + C_{TC} + C_{JV}$

若工件的年产量为 N，则工件的全年工艺成本 E（元/年）为

$$E = VN + S$$

单件工艺成本 E_d（元/件）为

$$E_d = V + S/N$$

图 2-5 表示全年工艺成本 E 与年产量 N 的关系。由图可知，E 与 N 是线性关系，即全年工艺成本与年产量成正比；直线的斜率为工件的可变费用，直线的起点（截距）为工件的不变费用。

图 2-6 表示单件工艺成本 E_d 与年产量 N 的关系。由图可知，E_d 与 N 呈双曲线关系，当 N 增大时，E_d 逐渐减小，极限值接近可变费用。

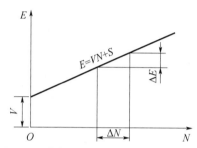

图 2-5　全年工艺成本与年产量的关系

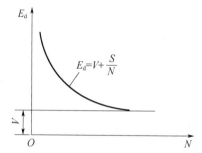

图 2-6　单件工艺成本与年产量的关系

2. 工艺成本的评比

工艺过程的不同方案进行评比时，常对工件全年的工艺成本进行比较，这是因为全年工艺成本与年产量呈线性关系，容易比较。

设两种不同方案分别为 a 和 b。它们全年的工艺成本分别为。

$$E_1 = V_1 N + S_1$$
$$E_2 = V_2 N + S_2$$

两种方案评比时，往往一种方案的可变费用较大时，另一种方案的不变费用就会较大。如果某方案的可变费用和不变费用均较大，那么该方案在经济上是不可取的。

现在同一坐标图上分别画出方案 1 和方案 2 全年的工艺成本与年产量的关系、如图 2-7 所示。

由图可知，两条直线相交于 $N = N_k$ 处，该年产量 N_k 称为临界年产量，达此年产量时，两种工艺路线全年的工艺成本相等。

$$N_k = \frac{S_2 - S_1}{V_2 - V_1}$$

当年产量 $N < N_k$ 时，宜采用方案 Ⅱ，即年产量小时，宜采用不变费用较少的方案；当年产量

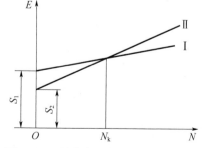

图 2-7　两种方案全年工艺成本的评比

$N > N_k$ 时，宜采用方案 Ⅰ，即年产量大时，宜采用可变费用较少的方案。

当需评比的工艺方案中基本投资差额较大时，还应考虑不同方案的基本投资差额的回收期。投资回收期必须满足以下要求：

（1）小于采用设备或工艺装备的使用年限。

（2）小于该产品由于结构性能或市场需求等因素所决定的生产年限。

（3）小于国家规定的标准回收期（新设备的回收期小于4～6年，新夹具的回收期小于2～3年）。

进行不同方案的评比时，其目的并不在于精确计算工件的工艺成本，故在评比时，相同的工艺费用均可忽略不计。

用工艺成本评比的方法比较科学，因而对一些关键工件或关键工序，常用工艺成本进行评比。

当对工艺路线的不同方案进行宏观比较时，常用相对技术经挤指标进行评比。

技术经济指标反映工艺过程中劳动的耗费、设备的特征和利用程度、工艺装备需要量以及各种材料和电力的消耗等情况。常用的技术经济指标有：单位工人的平均年产量（台数、重量、产值和利润，如：件（台）/人、t/人、元/人）、单位设备的平均年产最（如：件/台、t/台、元/台）、单位产品所需劳动量（如：工时/台）、设备构成比（专用设备与通用设备之比）、工艺装备系数（专用工艺装备与机床数量之比）、工艺过程的分散与集中程度（单位零件的平均工序数）以及设备利用率和材料利用率等。利用这些指标能概略地和方便地进行技术经济评比。

上述两种评比方法，都着重于经济评比。一般而言，技术上先进才能取得经济效果。但是，有时技术的先进在短期内不一定显出效果，所以在进行方案评比时，还应综合考虑技术先进和其他因素。

2.2.2.6　减少误差、提高加工精度的措施

在对某一特定条件下的加工误差进行分析时，首先要列举出误差源，即原始误差，不仅要了解所有误差因素，而且要对每一误差的数值和方向定量化；其次要研究原始误差到零件加工误差之间的数量转换关系，常为误差遗传和误差复映关系。最后，用各种测量手段实测出零件的误差值，根据统计分析，判断误差性质，找出其中规律，采取一定的工艺措施消除或减少加工误差。尽管减少或消除加工误差的措施有很多种，但从技术上可分为两大类，即误差预防和误差补偿。

（1）误差预防：指减少误差源或改变误差源至加工误差之间的数量转变关系。常用的方法有：直接减少原始误差法、误差转移法、采用先进工艺和设备法、误差分组法、就地加工法和误差平均法等。

（2）误差补偿：指现存误差条件下，通过分析、测量，进而建立数学模型，并以这些信息为依据，人为地在系统中引入一个误差源，使之与系统中存在的误差相抵消，以减少或抵消零件的加工误差。

2.3　加工误差的分析方法和分析实例

实际加工误差往往是系统误差和随机误差的综合表现，因此，在一定加工条件下，判

断哪一因素起主导作用，必须先掌握一定的数据，再对这些数据进行分析，判断误差的大小、性质及其变化规律等，然后针对具体情况采取相应工艺措施。统计分析法可用来研究、掌握误差分布规律和统计特征参数，将系统误差和随机误差区分开。较全面地找出产生误差的原因，掌握其变化的基本规律，进而采取相应的解决措施。常用的统计分析方法如下。

2.3.1　实际分布图—直方图

某一工序中加工出来的一批工件，由于存在各种误差，会引起加工尺寸的变化（称为尺寸分散），同一尺寸（实为很小一段尺寸间隔）的工件数目称为频数。频数与这批工件总数之比称为频率。如果以工件的尺寸（很小的一段尺寸间隔）为横坐标，以频数或频率为纵坐标，就可作出该工序工件加工尺寸的实际分布图—直方图。在以频数为纵坐标作直方图时，如样本含量（工件总数）不同，组距（尺寸间隔）不同，那么作出的图形高矮就不一样、为了便于比较，纵坐标应采用频率密度。

$$频率密度＝\frac{频率}{组距}＝\frac{频数}{样本容量×组距}$$

$$直方图上矩形的面积＝频率密度×组距＝频率$$

由于所有各组频率之和等于 100%，故直方图上全部矩形面积之和应等于 1。

为了进一步分析该工序的加工精度，可在直方图上标出该工序的加工公差带位置，并计算该样本的统计数字特征：平均值 $\overline{X}$ 和标准偏差 σ。

$$\overline{X} = \frac{1}{n}\sum_{i=1}^{n} x_i$$

式中　n——样本含量；

x_i——各工件的尺寸（mm）。

样本的标准偏差 σ 反映了该批工件的尺寸分散程度，它是由变值系统性误差和随机性误差决定的。该误差大，σ 也大，误差小，σ 也小。

$$\sigma = \sqrt{\frac{1}{n}\sum_{i=1}^{n}(x_i - \overline{x})^2}$$

下面通过实例来说明直方图的作法。例如，一家具部件的设计尺寸为 $50^{+0.07}_{+0.01}$ mm，经实测后的尺寸见表 2-3。

表 2-3　实际值与理论值之差（μm）

30	34	32	35	26	29	31	34	55	32	35	26	29	31	29	31	34	43	38	40
32	25	26	28	16	28	38	27	49	16	28	55	32	35	28	38	27	38	32	45
22	28	34	30	34	32	35	26	29	31	34	20	31	35	26	29	29	25	26
44	20	46	32	20	40	52	33	28	25	43	38	40	52	33	28	35	26	28	34
22	46	38	39	42	38	27	49	45	45	38	32	45	46	32	20	28	16	20	46

作直方图的步骤如下：

（1）收集数据。一般取 100 件左右，找出最大值 $L_d = 55\mu m$，最小值 $L_x = 16\mu m$。

（2）把 100 个样本数据分成若干组，一般分组可根据经验数值确定，其中，50～100

个（6～10组）；100～250个（7～12组）；250以上（10～20组）。

本例取组数 $n=9$ 组，经验证明，组数太少会掩盖组内数据的变动情况，组数太多会使各组的高度参差不齐，从而看不出变化规律。通常确定的组数要使每组平均至少摊到4～5个数据。

（3）计算组距 h，即组与组的间距

$$h=\frac{L_d-L_x}{n-1}=\frac{55-16}{9-1}=4.875\mu m\approx 5\mu m$$

（4）计算第一组的上、下界限值

$$L_x\pm\frac{h}{2}$$

第一组的上界限值为 $16+5/2=18.5\mu m$，下界限值为 $16-5/2=13.5\mu m$。

（5）计算其余各组的上、下界限值。第一组的上界限值就是第二组的下界限值。第二组的下界限值加上组距就是第二组上界限值，其余类推。

（6）计算各组的中心值 x_1。中心值是每组中间的数值。

$$x_1=\frac{上限值+下限值}{2}$$

第一组中心值

$$x_1=\frac{18.5+13.5}{2}=16\mu m$$

（7）记录各组数据，整理成表，并统计各组的尺寸频数、频率和频率密度见表2-4。

表 2-4　样本的尺寸频数、频率和频率密度

组号	界限（μm）	中心值 x_1（μm）	频数统计	频率（%）	频率密度（μm^{-1}）
1	13.5－18.5	16	3	3	0.6
2	18.5－23.5	21	7	7	1.4
3	23.5－28.5	26	23	23	4.6
4	28.5－33.5	31	24	24	4.8
5	33.5－38.5	36	21	21	4.2
6	38.5－43.5	41	7	7	1.4
7	43.5－48.5	46	9	9	1.8
8	48.5－53.5	51	4	4	0.8
9	53.5－58.5	56	2	2	0.4

（8）计算 $\overline{X}$ 和 σ

$$\overline{X}=\frac{1}{n}\sum_{i=1}^{n}x_i=36\mu m$$

$$\sigma=\sqrt{\frac{1}{n}\sum_{i=1}^{n}(x_i-\overline{x})^2}=11.08\mu m$$

（9）按表列数据以频率密度为纵坐标，组距（尺寸间隔）为横坐标，就可画出直方图，如图2-8所示；再由直方图的各矩形顶端的中心点连成折线，在一定条件下，此折线接近理论分布曲线。

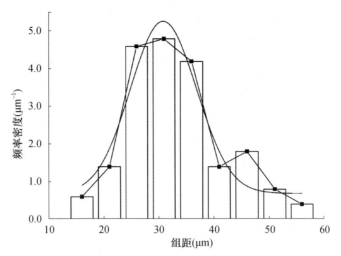

图 2-8　工件尺寸的实际值与理论值之差

由直方图可知，该批工件的尺寸分散范围大部分居中，偏大、偏小者较少。

要进一步分析研究该工序的加工精度问题，必须找出频率密度与加工尺寸间的关系，因此必须研究理论分布曲线。

2.3.2　理论分布图

正态分布曲线大量的试验、统计和理论分析表明：当一批工件总数极多，加工中的误差是由许多相互独立的随机因素引起的，而且这些误差因素中又都没有任何优势的倾向，则其分布是服从正态分布。这时的分布曲线称为正态分布曲线（即高斯曲线）。正态分布曲线的形态，如图 2-9 所示（本图也是标准正态曲线）。

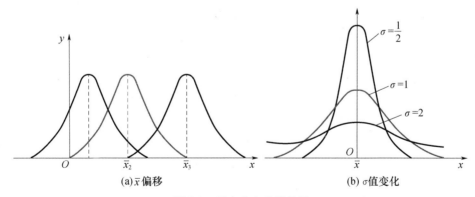

(a) $\bar{x}$ 偏移　　　　　　　　(b) σ 值变化

图 2-9　正态分布曲线性质

其概率密度的函数表达式是

$$y = \frac{1}{\sigma\sqrt{2\pi}} e^{-\frac{(x-\mu)^2}{2\sigma^2}}$$

式中　y——分布的概率密度；

　　　X——随机变量；

μ——正态分布随机变量总体的算术平均值（分散中心）；

σ——正态分布随机变量的标准偏差。

其中，当 $x=\mu$ 时，

$$y(x)_{max}=\frac{1}{\sigma\sqrt{2\pi}}$$

这是曲线的最大值，也是曲线的分布中心。在它左右的曲线是对称的。

正态分布总体的 μ 和 σ 通常是不知道的，但可以通过它的样本平均值 $\overline{X}$ 和样本标准偏差 σ 来估计加工精度。这样，成批加工一批工件，抽检其中的一部分，即可判断整批工件的加工精度。

用样本的 $\overline{X}$ 代替总体的 μ，用样本的 σ 代替总体的 σ。

总体平均值 $\mu=0$，总体标准偏差 $\sigma=1$ 的正态分布称为标准正态分布。任何不同 μ 和 σ 的正态分布曲线，都可以通过令 $Z=\frac{x-\mu}{\sigma}$ 进行交换而变成标准正态分布曲线

$$\Phi(Z)=\sigma\Phi(x)=\frac{1}{\sqrt{2\pi}}e^{-\frac{z^2}{2}}$$

从正态分布图上可看出下列特征：

（1）曲线呈吊钟形，中间多，两边少。

（2）曲线以 $x=\overline{X}$ 直线为左右对称，两边各占 50%，靠近 $\overline{X}$ 的工件尺寸出现概率较大，远离 $\overline{X}$ 的工件尺寸概率较小，且 $\overline{X}$ 处有最大值，影响曲线的位置。

（3）σ 为影响曲线形状的参数，σ 小则曲线瘦高，分散范围小，即加工误差小，加工精度高；σ 大则曲线扁、平，加工误差大，加工精度低。所以 σ 表示了某种加工方法可以达到的尺寸精度。

（4）曲线与 X 轴永不相交，分布曲线与横坐标所围成的面积包括了全部零件数（即100%），故其面积等于 1；其中 $x-\overline{X}=\pm3\sigma$，即在 $(x=\overline{X}\pm3\sigma)$ 范围内的面积占了99.73%，即 99.73% 的工件尺寸落在 $\pm3\sigma$ 范围内，仅有 0.27% 的工件在范围之外（可忽略不计）。因此，一般取正态分布曲线的分布范围为 $\pm3\sigma$。$\pm3\sigma$（或 6σ）的概念，在研究加工误差时应用很广，是一个很重要的概念，6σ 的大小代表某加工方法在一定条件（如毛坯余量、切削用量，机床、夹具、刀具等）下所能达到的加工精度，所以在一般情况下，应该使所选择的加工方法的标准偏差 σ 与公差带宽度 T 之间具有下列关系

$$6\sigma\leqslant T$$

但考虑到系统性误差及其他因素的影响，应当使 6σ 小于公差宽度 T，方可保证加工精度。

2.3.3 分布图分析法的应用

1）判断加工误差性质，系统误差、随机误差

判别加工误差的性质如前所述，假如加工过程中没有变值系统性误差，那么其尺寸分布应服从正态分布，这是判别加工误差性质的基本方法。如果实际分布与正态分布基本相符，加工过程中没有变值系统性误差（或影响很小），这时就可进一步根据 $\overline{X}$ 是否与公差带中心重合来判断是否存在常值系统性误差（$\overline{X}$ 与公差带中心不重合就说明存在常值系

统性误差 $\Delta_{\text{系}}$）。

$$\Delta_{\text{系}} = |\overline{X} - d_{\text{m}}|$$

零件的随机误差 Δ 等于 6σ，它是一个重要判断依据。$T \geqslant 6\sigma$ 说明这种加工方法可行，$T < 6\sigma$ 说明这种加工方法不可行。

如实际分布与正态分布有较大出入，可根据直方图初步判断变值系统性误差是什么类型。

2）确定各种加工方法所能达到的精度

由于各种加工方法在随机性因素影响下所得的加工尺寸的分散规律符合正态分布，因而可以在多次统计的基础上，为每一种加工方法求得它的标准偏差 σ 值；然后，按分布范围等于 6σ 的规律，即可确定各种加工方法所能达到的精度。

3）判别某种加工方法的工序能力

确定工序能力及其等级工序能力即工序处于稳定状态时，加工误差正常波动的幅度。由于加工时误差超出分散范围的概率极小，可以认为不会发生超出分散范围的加工误差，因此可以用该工序的尺寸分散范围来表示工序能力，当加工尺寸分布接近正态分布时，工序能力为 6σ。

工序能力等级是以工序能力系数来表示的，即工序能满足加工精度要求的程度。

当工序处于稳定状态时，工序能力系数 C_{p} 按下式计算

$$C_{\text{p}} = T/6\delta$$

式中　T——工件尺寸公差。

根据工序能力系数 C_{p} 的大小，工序能力共分为五级。

$$C_{\text{p}} = T/6\sigma$$

$C_{\text{p}} > 1.67$ 为特级，说明工序能力过高，不一定经济；

$1.67 \geqslant C_{\text{p}} > 1.33$ 为一级，说明工序能力足够；

$1.33 \geqslant C_{\text{p}} > 1$ 为二级，说明工序能力勉强，密切注意加工过程；

$1 \geqslant C_{\text{p}} > 0.67$ 为三级，说明工序能力不够，

$C_{\text{p}} < 0.67$ 为四级，说明工序能力不足，必须加以改进。

4）确定零件的合格品率和不合格品率

如图 2-10 所示，零件在尺寸公差范围内的为合格品即 $F_1 + F_2$；F_1 是零件允许的最小极限尺寸与分散中心所围成的面积，F_2 是零件允许的最大极限尺寸与分散中心所围成的面积；可由 $\left|\dfrac{d_{min} - \overline{x}}{\sigma}\right|$ 值直接查出 F_1；可由

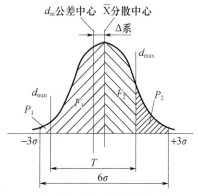

图 2-10　正态分布曲线应用

$\left|\dfrac{d_{min} - \overline{x}}{\sigma}\right|$ 值直接查出 F_2；超出公差以外的为不合格品 $P_1 + P_2$；其中 $P_1 = 0.5 - F_1$，$P_2 = 0.5 - F_2$。

当 $\overline{x} = d_{\text{m}}$ 时，这批零件出现的废品率最小；若要不出现不可修复废品，则分散范围进入公差带内；即 $\overline{x} - 3\sigma \geqslant d_{min}$ 或 $\overline{x} - 3\sigma \geqslant d_{min}$ 值直接查出 F_2；超出公差带以外的为不合格品 $P_1 + P_2$。

对于某一特定的 x 范围的曲线面积，均可由下面的积分式求得，

$$A = \frac{1}{\sigma \sqrt{2\pi}} \int_0^X e^{-\frac{x^2}{2\sigma^2}} d_x$$

假设 $Z = x/\delta$，所以

$$\Phi(Z) = \frac{1}{\sqrt{2\pi}} \int_0^Z e^{-\frac{z^2}{2}} d_Z$$

正态分布曲线的总面积为

$$2\Phi(\infty) = \frac{2}{\sqrt{2\pi}} \int_0^\infty e^{-\frac{z^2}{2}} d_Z = 1$$

在一定的 Z 值时，函数 $\Phi(Z)$ 的数值等于加工尺寸在 x 范围的概率。

各种不同 Z 值的 $\Phi(Z)$ 值如表所示。

表 2-5 $\Phi(Z) = \dfrac{1}{\sqrt{2\pi}} \int_0^Z e^{-\frac{z^2}{2}} d_Z$ 的数值

Z	$\Phi(Z)$	Z	$\Phi(Z)$	Z	$\Phi(Z)$	Z	$\Phi(Z)$	Z	$\Phi(Z)$
0.00	0.0000	0.26	0.1023	0.52	0.1985	1.05	0.3531	2.60	0.4953
0.01	0.0040	0.27	0.1064	0.54	0.2054	1.10	0.3643	2.70	0.4965
0.02	0.0080	0.28	0.1103	0.56	0.2123	1.15	0.3749	2.80	0.4974
0.03	0.0120	0.29	0.1141	0.58	0.2190	1.20	0.3849	2.90	0.4981
0.04	0.0160	0.30	0.1179	0.60	0.2257	1.25	0.3944	3.00	0.49865
0.05	0.0199	——	——	——	——	——	——	——	——
0.06	0.0239	0.31	0.1217	0.62	0.2324	1.30	0.4032	3.20	0.49931
0.07	0.0279	0.32	0.1255	0.64	0.2389	1.35	0.4115	3.40	0.49966
0.08	0.0319	0.33	0.1293	0.66	0.2454	1.40	0.4192	3.60	0.499841
0.09	0.0359	0.34	0.1331	0.68	0.2517	1.45	0.4265	3.80	0.499928
0.10	0.0398	0.35	0.1368	0.70	0.2580	1.50	0.4332	4.00	0.499968
0.11	0.0438	0.36	0.1406	0.72	0.2642	1.55	0.4394	4.50	0.499997
0.12	0.0478	0.37	0.1443	0.74	0.2753	1.60	0.4452	5.00	0.49999997
0.13	0.0517	0.38	0.1480	0.76	0.2764	1.65	0.4505	——	——
0.14	0.0557	0.39	0.1517	0.78	0.2823	1.70	0.4554	——	——
0.15	0.0596	0.40	0.1554	0.80	0.2881	1.75	0.4599	——	——
0.16	0.0636	0.41	0.1591	0.82	0.2939	1.80	0.4641	——	——
0.17	0.0675	0.42	0.1628	0.84	0.2995	1.85	0.4678	——	——
0.18	0.0714	0.43	0.1664	0.86	0.3051	1.90	0.4713	——	——
0.19	0.0753	0.44	0.1770	0.88	0.3106	1.95	0.4744	——	——

Z	$\Phi(Z)$	Z	$\Phi(Z)$	Z	$\Phi(Z)$	Z	$\Phi(Z)$	Z	$\Phi(Z)$
0.20	0.0793	0.45	0.1736	0.90	0.3159	2.00	0.4772	——	——
0.21	0.0832	0.46	0.1772	0.92	0.3212	2.10	0.4821	——	——
0.22	0.0871	0.47	0.1808	0.94	0.3264	2.20	0.4861	——	——
0.23	0.0910	0.48	0.1844	0.96	0.3315	2.30	0.4893	——	——
0.24	0.0948	0.49	0.1879	0.98	0.3365	2.40	0.4918	——	——
0.25	0.0987	0.50	0.1915	1.00	0.3413	2.50	0.4938	——	——

例题：现需要加工外径 $d=12^{-0.016}_{-0.043}$ mm 的圆榫，抽样后测得 $\overline{X}=11.974$mm，$\sigma=0.005$mm，其尺寸分别符合正态分布，试分析该部件的加工质量。

该工序尺寸分布如图 2-11 所示。

$$C_p=\frac{T}{6\sigma}=\frac{0.027}{6\times0.005}=0.9<1$$

工艺能力系数 $C_p<1$，说明该工序工艺能力不足，因此出现不合格品是不可避免的。

工件最小尺寸 $d_{min}=\overline{X}-3\sigma=11.959mm>A_{max}=11.957$，故不会产生不可修复的废品。

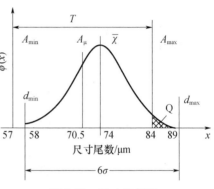

图 2-11　尺寸分布图

工件最大尺寸 $d_{max}=\overline{X}+3\sigma=11.989mm>A_{min}=11.984$，故要产生可修复的废品。

废品率 $Q=0.5-\Phi(Z)=2.28\%$

$$Z=\frac{X-\overline{X}}{\sigma}=\left|\frac{11.984-11.974}{0.005}\right|=2,\ \Phi(2)=0.4772$$

5）分布图分析法的缺点

用分布图分析加工误差有下列主要缺点：

（1）不能反映误差的变化趋势。加工中随机性误差和系统性误差同时存在，由于分析时没有考虑到工件加工的先后顺序，故很难把随机性误差与变值系统性误差区分开来。

（2）由于必须等一批工件加工完毕后才能得出分布情况，因此不能在加工过程中及时提供控制精度的资料。采用下面介绍的点图法，可以弥补上述不足。

2.3.4　点图法

由于分布图法采用随机样本，不考虑加工顺序，因而不能反映误差大小、方向随加工先后顺序的变化。此外，分布图法是在一批工件加工结束后进行分析，它不能及时反映加工过程误差变化，不利于控制加工误差。因此，如何使工艺过程在给定运行条件及工作时间内，稳定可靠地保证加工质量是一个重要问题。按照概率论中心极限定律，无论何种分布的大样本，其中小样本的平均值趋向于服从正态分布，这样，从统计分析角度，认为若质量数据总体分布参数（如 δ、μ）保持不变，则这一工艺过程是稳定的。因此，可通过分析样本统计特征值 $\overline{X}$（样本均值），S（样本标准差）推知工艺过程是否稳定。样本属于同一个总体，若样本统计特征值 $\overline{X}$、S 不随时间变化，则工艺过程是稳定的。总体分布

参数 μ 可用样本平均值的平均值 $\overline{X}$ 估算，总体分布参数 δ，可用样本极差平均值 $\overline{R}$ 来估算。通常采用点图（控制图）法来进行工艺过程稳定性分析。用点图来分析工艺过程稳定性首先要采集顺序样本，这样的样本可得到奋时间上与工艺过程运行同步信息，反映出加工误差随时间变化的趋势，以便对工艺过程质量稳定性随时进行监视，防止废品产生。

2.3.4.1 $\overline{X}$—R 点图

误差点图有各值点图和样组点图两类，其中样组点图较常用的是 $\overline{X}$—R 点图（即平均值—极差点图）。$\overline{X}$—R 点图是平均值 $\overline{X}$ 控制图和极差 R 控制图联合使用时的统称。前者控制工艺过程质量指标的分布中心，后者控制工艺过程质量指标的分散程度。根据数理统计中心极限定律，原始数据的平均值分布近似于正态分布。总体分布越接近正态分布，样本平均值的分布就越接近正态分布，此时所需样本的容量也越小。绘制 $\overline{X}$—R 点图是以小样本顺序随机抽样为基础的，要求是在工艺进行中，每隔一定时间，如 0.5h 或 1h，从这段时间内加工的工件中，随机抽取几件作为小样本，小样本的容量 $N=2\sim10$ 件，求出小样本的统计特征值平均值和极差。经过一段时间后，取得 k 个小样本，通常取 $k=25$，这样，抽取样本的总容量一般不少于 100 件，以保证有较好的代表性。在本实验中，由于实验时间限制，采取依次抽取样本总容量数据，再按小样本容量将总容量分成 K 组，以这种方法来代替上述数据抽样过程。$\overline{X}$—R 点分别按下式计算：

$$\overline{X} = \frac{1}{m}\sum_{i=1}^{m} X_i; \quad R = X_{\max} - X_{\min}$$

式中　　　m——每组工件数（即小样本容量）；

　　　　　X_i——误差值；

$X_{\max}$、$X_{\min}$——每组误差最大值和最小值。

根据数理统计推导，在 $\overline{X}$ 图上，$\overline{X}$ 的上、下控制线分别按下式计算：

$$UCL = \overline{\overline{X}} + \overline{AR}; \quad LCL = \overline{\overline{X}} - \overline{AR}; \quad CL = \overline{\overline{X}};$$

式中　$\overline{\overline{X}}$——样本平均值，$\overline{\overline{X}} = \frac{1}{k}\sum_{i=1}^{k} \overline{X}_i$；

　　　$\overline{X}_i$——第 i 个小样本的平均值；

　　　A——常数。

在 R 图上，R 的上、下控制线和中心线按下式计算：

$$UCL = D_1\overline{R}; \quad LCL = D_2\overline{R}; \quad CL = \overline{R}$$

式中　D_1、D_2——常数。

在 X—R 点图上做出平均线、控制线，就可根据误差点变化，判断工艺过程的稳定性。该实验过程中，通过测量误差，进行误差统计分析，经过数据处理可以绘制直方图和高斯曲线以及 $\overline{X}$—R 点图。

在工艺过程进行中，每隔一定时间抽取容量 $m=2\sim10$ 件的一个小样本，求出小样本的平均值 $\overline{X}$ 和极差 R。经过若干时间后，就可取得若干组小样；然后，以样组序号为横坐标，分别以 $\overline{X}$ 和 R 为纵坐标，就可分别作 $\overline{X}$ 点图和 R 点图，在 $\overline{X}$—R 点图上各有三条线，即中心线（即 $\overline{X}$ 和 R）、上控制线（UCL）、下控制线（LCL）（三条控制线可根据有关公式计算确定）。$\overline{X}$—R 点图如图 2-12 所示。

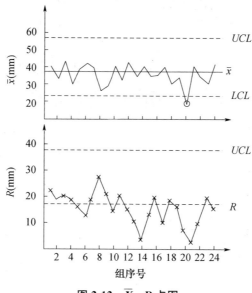

图 2-12 $\overline{X}$—R 点图

2.3.4.2 点图分析法的应用

在点图上作出中心线和控制线后，就可根据图中点的分布情况来判断工艺过程是否稳定，因此在质量管理中广泛应用。

点图上点子的波动有两种不同的情况，第一种情况只有随机性波动，其特点是波动的幅值一般不大，而引起这种随机性波动的原因往往很多，有时甚至无法知道，有时即使知道也无法或不值得去控制它们，这种情况为正常波动，说明该工艺过程是稳定的。第二种情况是点图具有明显的上升或下降倾向，或出现幅度很大的波动，称这种情况为异常波动，说明该工艺过程是不稳定。如图 2-12 $\overline{X}$ 点图中的第 20 点，超出了下控制线，说明工艺过程发生了异常变化，可能有不合格品出现。一旦出现异常波动，就要及时寻找原因，消除产生不稳定的因素。

2.3.4.3 点图分析法的特点

所采用的样本为顺序小样本，可以看出变值系统误差和随机综合误差的变化趋势，因而能在工艺过程中及时提供控制工艺过程的信息；计算简单，图形直观。因此在质量管理中广泛应用。

第3章 家具数字化加工背景下的门店接单

3.1 家具需求现状

3.1.1 房价偏高现状的原因

改革开放以来，随着人们生活水平的提高，居住条件越来越好，人们关注的问题开始发生偏移，导致现今房价普遍偏高。究其原因，总结为以下几点：其一，有房才有家的观念。中国人骨子里对于家的认知，有自己的房子才算有个家，没有自己的房子就仿佛居无定所，随时可能搬离，房价的抬高也是由于国人的这种需求导致的；其二，买涨不买跌的惯性。这是基于消费者的一种投机心理而产生的惯性。购房者在有购房意向的时候，如果房价在跌，消费者想可能还会继续降价，使其开始持有一种观望的心理。一旦房价上涨，消费者就怕再涨的更多而开始实施行动购房；其三，房地产产业的特殊性。房地产目前是我国经济的第一大支柱产业，不仅解决了很多人的就业问题，还是我国 GDP 的增长重要因素之一；其四，投资。对于大多数人来说，投资的选择并不多，投资房产更加稳定，房子是实体，能够更好地在心理上给人踏实的感觉。因此，投资房产相对来说更加稳定，这种状况在一定程度上拖住了房价的下跌。

3.1.2 国家政策对户型的影响

自从《关于进一步深化城镇住房制度改革加快住房建设的通知》于 1998 年由国务院发出后，实物分配福利房开始转变为住房分配货币化。人们提高了生活水准之后，开始对"住"的质量有更多的想法，这也导致了房价与住房面积的问题，最终，房价超出普通百姓的负担能力，开始成为百姓的一大负担，也不利于国民经济的持续健康发展。

于是，国家于 2007 年出台了"国六条"、"国十五条"，加大了宏观调控的力度，并且在政策中提出："十一五"期间，要重点关注普通商品住房的发展，自 2006 年 6 月 1 日起，凡是新审批、新开工的商品住房建设，面积比重必须达到开发建设总面积的 70% 以上的是套型建筑面积 90 平方米以下的住房（含经济适用住房）。省会城市、计划单列市、直辖市因为某些特殊情况需要调整上述比例的，必须报到建设部批准。过去已审批但没有取得施工许可证的项目凡是不符合上面要求的，应根据要求调整套型。随着该政策的落实，我国市场住房结构明显改善。小户型成为市场上更切合实际，能够满足居民生活，解决中国土地资源紧缺的适应性住宅类型。

3.1.3　数字化在家具制造业中的应用

家具制造业的数字化，即将一系列的家具制造活动包括设计、生产、管理等通过复杂的信息变换，变换为可以度量的通用数据，通过相应的设备对数字的翻译，使用设备进行相应活动的过程。相应的，自动化与数字化相结合，在大规模定制盛行的家具制造业，有效的解决了设计、开发、生产与管理中一些难以解决的问题，并且对资源进行快速的整合与调整，使得整个家具制造的流程加快了速度。

3.2　小户型住宅现状

房价高导致购房者个体购买能力下降，购买户型减小。故在出纳空间有限的情况下，为减轻买房压力，对空间的全面应用就显得尤为重要。此外，在国家宏观调控的政策下，小户型也越来越呈现一种未来趋势化，中小户型在房建规划中也占了很大的比例。同时，随着"个性化定制"和"互联网＋"时代的到来，中国家具行业的传统模式已经不能适应市场需求。而中国市场中前端销售的软件主要有 CAD、2020、KD、3D max、3D Golden、圆方等软件，它们有各自的优缺点，在市场上占有不同的份额。CAD 擅长平面表达，3D max 擅长效果表达，但是需要一定的操作基础。KD 橱柜设计软件已退出中国市场，使用起来不方便，相对来说，2020 在国外市场占据较大的市场，有 60 多个国家在使用，但是在国内使用的也并不多。3D Golden 软件和圆方软件等操作较简洁，初学者很快就能进行操作，同时表达的效果图效果也比较好，还可以输出 CAD 图纸、报价以及与后方软件对接的文件。这满足了大规模定制需要的高效率和客户参与设计。

3.2.1　关于中小户型发展及设计的研究

孙春荣在 2009 年 5 月的硕士学位论文《"90/70"政策下小户型设计研究》中，从"90/70"政策，即"国六条"、"国十五条"的政策开始，论述了小户型在国家宏观调控中的重要性。并在研究中，提出了小户型设计的要点和设计原则，整体说明了小户型未来的发展趋势。廉学勇在 2008 年 2 月发表的硕士学位论文《论中小户型城市住宅及其优化设计》中提到，国家为宏观调控房价虚高，尽量让中低收入家庭有房可住，推出了一系列新政策，这是在政策方面对于中小户型的倾向，然后从文化、社会需求以及意义等各方面思考，对中小户型的设计做出了一定的研究。曾虎在 2009 年 6 月发表的硕士学位论文《小户型住宅多样性空间设计策略研究》中提到，城市家庭的小型化和多元化发展使得城市人对于住宅设计的要求变得精细化。同时分析了国内外的设计理论和国内小户型户主对于居住的需求，并且对小户型住宅的空间设计多样性进行了初步研究总结。这些文献都从各自的角度阐明了中国中小户型设计的重要性：中小户型居室的设计，需要满足户主对生活的各方面需求，同时在满足功能的基础上遵循一定的适应性原则和紧凑性原则。中小户型的设计，一是适应国家政策存在，二是满足人群需求，三是房产建设结构的重要内容，在户型设计中占重要的地位。

3.2.2 大规模定制发展的研究

3.2.2.1 国内外对大规模定制的研究

《未来的冲击》是埃尔文·托夫勒（Awin Toffler）1970 年的作品，他在这本书中提到一个类似于定制的生产模式设想，即通过标准化和大规模生产来满足客户需求的一种模式。而在斯坦·戴维斯 1987 年的《未来理想生产方式》中第一次提出大规模定制的概念。传统的生产模式已经不足以满足客户的需求，因此，标准化与非标准化相结合的产品与服务开始成为一种新的生产制造模式，来满足客户个性化定制的需求。在国内，第一次提出大规模定制的概念是在 2003 年，不过当时也只是处在一个理论研究的阶段，并没有真正地在实际的生产模式中应用。杨珊于 2011 年 6 月发表的硕士学位论文《家装业定制家具设计模式研究》中采用文献研究法，实地调研分析法，在了解了家具定制设计及发展的特点、现状和问题之后，初步构建了定制家具的设计模式，使其与工厂化生产相适应。未来定制家具模式不再是传统个性化定制，而是在一定的大数据基础上进行的标准与非标的适应性搭配，并且追求一定的个性化使其满足客户需求。黄丽芳在 2011 年 6 月的硕士学位论文《基于先进制造技术的大规模定制家具开发和生产解决方案研究》上，通过对家具行业发展以及市场需求、技术能力的分析，且理论结合实际，研究了先进数字化与信息化应用于设计、生产等的过程中，对于家具大规模定制发展起到辅助作用。同时得出了家具大规模定制的方式方法及路线。叶芳于 2012 年 4 月发表的硕士学位论文《大规模定制家具设计方法研究》从板式家具大规模定制的角度思考问题，从国内外家具行业现状的分析以及家具市场发展与需求的调研中得出结论，定制家具发展过程中，标准化体系建立和模块化设计思想是必不可少的。刘伟在 2013 年发表的期刊论文《面向 MC 个性化家具柔性设计制造系统关键技术研究》提出传统家具生产模式已经难以适应市场需求，数字化技术在个性化定制家具的发展中起到了非常重要的作用。从定制概念的提出到对大规模定制的研究，这也是随着市场的发展，很多人从分析总结以及实践中得出的研究成果。大规模定制是基于大数据，结合实际需要建立在标准化与非标准化相结合的基础之上的生产模式。随着不断探索研究，国内的一些较大的定制企业开始转向模块化与标准化的设计，在数字化技术的支撑下更快捷地完成大规模定制流程中的一些环节。

3.2.2.2 家具行业新模式的研究

随着"大规模定制"以及"互联网＋"的发展，O2O 与 C2B 的模式开始进入家具设计行业内，定制家具开始不断尝试新的商务及业务模式。也出现了很多对于新的模式的研究。武兆杰 2015 年在创新科技导报中发表的《大数据技术在电子商务 C2B 模式中的应用》中讲到大数据时代的到来推动定制模式的理念。同时，提到通过互联网海量提取用户数据，进而对产品进行优化。企业通过 C2B 的模式实现高效低成本地运转，了解客户需求，及时作出响应进而优化整个 C2B 流程。黄瑞国在 2015 年发表的《大数据技术在电子商务 C2B 模式中的应用分析》讲到，在电商发展迅猛的情况下，C2B 新模式出现，并且对该模式作出分析，表示在大数据的基础上 C2B 新模式要以客户为中心，才能更好的发展。陈敏在 2015 年 6 月发表的硕士学位论文《O2O 定制家具设计模式研究》根据一系列研究与调查，了解到 O2O 模式在很多定制家具企业中并不能得到充分的应用。在线上与线下对于客户需求的资料整合不够完善，定制家具设计模式也不合理。并且提出 O2O 定制家具设计模式的必要性。苟尤钊的《尚品宅配 VS 索菲亚私人定制的深浅》中，对尚品宅配和索菲亚的品牌基因、定制模式、渠道重点和扩张途径进行对比，得出未来定制家具的发展将会是线上线下一体化，更加注重服务与品质。"互联网＋传统行业"开始让很多传统企业转型，文献对于新模式在市场的良性发展，尤其是在家具行业内发展的必要性作出阐释。线上线下发展模式在家具定制业内具有必然的趋势。熊先青在林业科技开发期刊中发表了《大规模定制家具客户关系管理构建与应用》，文中，提到大规模定制家具中，CRM 即客户关系管理体系是一个重中之重。对现今存在的问题分析，得出在市场逐渐向服务客户为主体的发展过程中，客户关系管理模式需要具备的基础元素，对于企业向大规模定制发展以及客户关系管理都有很好的借鉴作用。客户关系管理也离不开线上线下的联系，这是市场发展的必然。

3.3　门店接单的现状分析

3.3.1　门店接单的传统模式

传统的生产模式中，所有的过程都是人工参与，在导购接待客户并且客户订单之后，由设计师为客户设计方案，大多使用的软件只有 Auto CAD，出的是二维图，给客户看过平面图确认方案之后，将订单下到工厂，然后拆单员看过图纸之后进行人工拆单，即将每个柜体都分解成单个的板，量好尺寸，登记录入 Excel 表格中。拆单之后得到的零部件图拿到生产车间，按照图纸进行开料、封边、打孔等生产活动。调查显示，一个熟练的工人，打孔调试也需要 15min 的时间，这无形上增加了时间成本，故而，传统的生产模式适合批量的工程单，不适合定制产品的生产。

传统的生产模式有如下缺点：

（1）客户参与度低；

（2）整个流程中，过多的人力参与，生产周期较长；

（3）产品成本上升；

（4）出错率高；

（5）招工难。

在设计过程中，因为绘制的二维图形不能直观的给客户一个设计效果，客户对于为自己设计的方案没有直观的感觉，参与度也会相应的降低。人工拆单以及生产设备调试、人工排孔等拖长了生产周期，时间成本与劳动力成本相对上升。另外人工参与过多，由于人的非机械性或多或少会出现错误，出错率高，有些企业甚至采用试装的方式来解决出错问题。而且车间设备的使用、调试等都需要一些有经验的老师傅，新人培训时间较长，不能赶上企业对人员的需求。

3.3.2　门店接单新模式的出现

3.3.2.1　新模式的市场契机

传统生产模式已经不适应现在市场的需求。目前中国高房价的现状导致了家庭对收纳空间充分利用的需求，这使得家具定制化、数字化生产成为必然的趋势。

数字化制造技术具有如下优势：

（1）解决多品种小批量的短周期混合生产；

（2）解决常规利用 CAD 设计产品时繁琐的数据处理工作；

（3）解决常规模式中生产与设计的严重脱节；

（4）解决企业对生产工人技能的严重依赖；

（5）解决企业数据的处理过程数据人为出错等问题；

（6）较小库存或零库存，做到按单生产。

数字化能够弥补传统模式生产的弊端，而家具加工的大卖场模式与便利店模式，即生产线设备、大批量生产与客制化生产相结合，演变的必然结果就是全自动设备与数字化生产，这是中国家具市场的必然诉求。

3.3.2.2　C2B、O2O、互联网＋的发展

C2B（consumer to business）是互联网经济时代的一种商务模式。从价格竞争转为价值竞争，原来是专注产品本身，现在开始横向考虑，除了产品本身的质量之外，还有服务与用户体验。通过线上信息传递，吸引客户到店体验，并且线下实现设计、定制与维护保养等。

O2O（online to online）则是互联网时代的业务模式，将互联网这种线上模式同线下各种机会联系在一起，使得互联网成为与线下互动交易的场地。线上线下一体化，用户通过线上或线下来传递价值与需求，同时，客户可以在网上实现参与设计与交易，也可以到线下去实际体验。利用网络对客户需求信息的采集，并且对信息作出分析整合，得到客户的需求指向，由此判断方案设计的合理性。

现今定制家具业内具体流程基本为：客户通过网上订单或店面订单得知客户基本需求，然后预约设计师上门免费测量，通过面对面沟通交流得到具体的需求。之后设计师在一到两天内设计出基础方案之后进行复尺，二次沟通并微调得出合理的方案，包括效果图、平立面图纸，最后到店面签订合同。此后，就可以将家具图纸订单下到工厂开始生产，最后一步即本地安装师上门安装。

目前，国务院印发了《中国制造 2025》作为我国第一个十年行动纲领来实施的制造强国战略。而"互联网＋"行动计划，即互联网与一个传统产业结合，让传统产业开始转型。互联网的影响力与快捷方便使得产业运行加快。

3.3.2.3　新模式的应用

定制家具生产过程中会出现如下情况：

首先，定制的概念，定制家具偏个性化，与规模化生产会出现冲突；其次家具行业信息不透明、消费者鉴别能力有限，另外家具是永久性消费品，消费者不能很好地凭借经验来判断出产品的好坏，业内劣币驱逐良币现象较为突出；另外行业的壁垒较低，同质化的产品竞争较为激烈，使得优质企业很难跳入人们的视线。

那么如何寻求解决的方案？

定制家具行业如何用相对较低的资源去应对消费者个性化需求，并转变为标准化与规

模化的生产模式，这就需要前端接单软件与后端技术软件的结合，降低时间和劳动力成本；从透明化的价格、线上线下一体化的体验和评价系统出发，使得优质的品牌形成口碑，以此来解决行业信息不透明、以及价格含水较高等问题，改进成品家具企业多样化成本高而且难形成规模效应的缺点；同传统家具企业作对比，定制家具行业门槛相对更高，领头企业可以利用规模与品牌的优势来铸就高行业壁垒，这样可以大幅度降低新进企业的威胁。

3.4　门店接单软件的介绍

目前，市场上的门店接单软件非常多，比如 3D Golden、KD 橱柜设计软件、2020 以及圆方软件等，3D Golden 和圆方软件以其操作较简洁，初学者很快就能进行操作，同时表达的效果图也比较好，同时还可以输出 CAD 图纸、报价以及与后方软件对接的文件。目前，前端软件都涵盖了三维建模、显示、高级渲染、照明设计以及文件系统和开发接口等在内的三维 CAD 平台。渲染效果能赶上 3D max 等技术。

3.4.1　软件的操作与功能

下图是前端软件衣柜销售系统的界面。其中图 3-1 是平面户型界面，图 3-2 是三维空间界面。该销售设计系统提供了智能的设计方案和布置功能，操作简单灵活，可以帮助设计师快捷地完成真彩效果方案的互动设计。

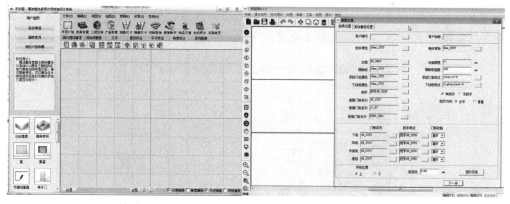

图 3-1　软件二维操作界面（左图来自圆方软件，右图来自 3D Golden）

基本操作流程即：进入平面户型界面之后，使用左侧户型绘制界面功能进行平面户型的绘制，包括建墙、门窗、梁柱、门洞、天花及房间高度；然后进入三维空间，选择房间模板并对产品材质及型号进行设置，确认后进入图 3-2 界面。此时开始使用左侧产品布置，制定室内方案；最后一步设置材质参数，打灯光，进行渲染。以上操作为简要介绍，操作界面简洁，一目了然。前端软件是基于企业产品大数据基础上进行模块化载入，运用时只需要将企业定制的软件内模块加入方案中，"标准件＋非标准件"结合，即不同柜体有不同的标准尺寸，非标准的尺寸只要符合生产工艺即可加入方案设计中，以此来满足生产的柔性化。

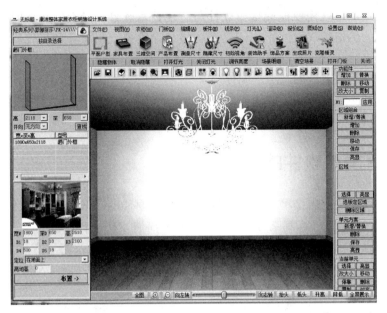

图 3-2　软件三维操作界面（来自圆方软件界面截图）

软件在渲染之后导出效果图，还可以导出 Excel 格式的报价表格、CAD 二维图纸以及与后端衔接的文件，功能之强大能够很快适应现今市场以及生产模式。导出报价表格以及 CAD 图纸将会在后面的案例分析中进行分析描述。在要导出的文件时会弹出图 3-3 所示检测对话框，对布置的产品进行干涉检测，当布置无误时就可以导出文件，这样智能检测避免了后端问题出现重新反馈到前端造成时间的浪费。

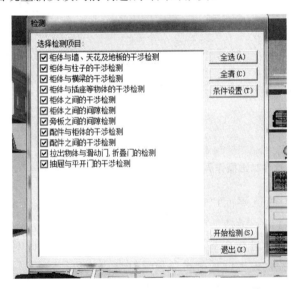

图 3-3　干涉检测对话框（来自圆方软件界面截图）

图 3-4 是下单生产流程图，导出后面识别的文件，我们可以看到图 3-5 所示，为前端软件到生产端的衔接文件是定单电子数据。拆单软件利用前段端生成的文件自动生成对应

的家具模型。生成的文件中包含了方案中使用的所有配件清单，包括不同型号的吊柜、地柜、高柜、半高柜等多项内容。系统会根据前后端对应标准，自动替换成实际生产材料如图 3-6 所示。拆单部门使用软件工具生成板件明细表、开料明细表、五金配件清单以及生产的零部件板件孔位图纸，用来指导生产。

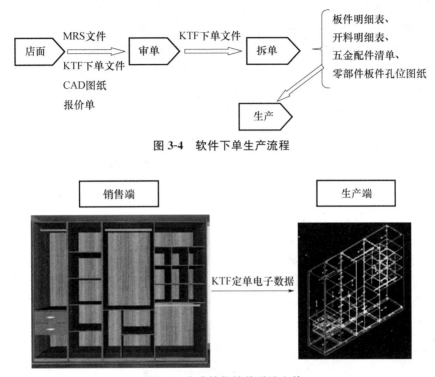

图 3-4 软件下单生产流程

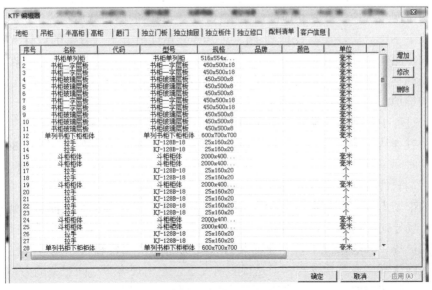

图 3-5 生成的衔接前后端文件

图 3-6 生成材料清单

3.4.2 前端软件在定制家具市场的应用

3.4.2.1 不同前端软件简要市场分析

目前常用的橱柜设计软件有 CAD、3D Golden、KD 软件、圆方、2020 以及 3D max 等。不同的软件具有自身的优势在市场中占据一定的市场份额。

CAD（计算机辅助设计）最早是应用在 80 年代时期的建筑行业，到后来由于软件功能强大，开始在其他行业上发展起来。该计算机辅助软件能够更加清晰地表达平立面的尺寸及细节。轴测图也能较为清晰地表达整体结构。但是在相对真彩效果来说，整体效果的表达就不是非常好，不能体现出很好的 3d 效果。

KD 橱柜设计软件属于专业橱柜设计系统，功能很强，范围较广，如厨房用品、水槽、煤气灶、油烟机、桌椅门窗、各种支架等都可以适用。操作起来也比较简单易上手，但是目前中国市场用得较少。

2020 软件，该软件在 60 多个国家使用，是世界本行业技术功能上最佳的工作软件，但是在中国市场并不多见，部分工厂中也在使用。

圆方软件和 3D Golden 软件目前是市场上非常常见的一款前端接单软件，它的衣柜和厨柜设计销售系统是分开的。通过实际参与软件培训的实地调研，在不考虑工艺和企业产品知识的基础上，两到四天时间操作者就可以完全掌握操作，本身的特点以及其占据的先机使得其在国内市场占据较大份额，同时软件技术随着市场需求不断改进互相促进发展。

3.4.2.2 软件在新模式中的应用

现如今是买方市场，代理商都在逐渐向服务商转变。同时随着"互联网＋"与传统产业配合发展，线上线下的新模式也更加受到大众喜爱。目前工厂定制的整个流程大致如下：客户通过网络等途径获知相应的产品信息，产生购买欲望，然后在线下进行亲身体验——线上或线下下单之后，会有设计师上门免费测量并且出方案（方案的设计大多采用软件，出的初步图包括效果图及 CAD 平面立面图）——设计师与客户沟通方案，在客户的参与下，适当调整方案设计，并且导出标准报价——客户确认订单之后交付全款，下单生产，最后安装和维护。

在整个过程中，门店前端软件因为操作简便快速，很好的让客户能够参与进方案的设计中。整个过程从两次测量到出方案以及确认方案，中间不出其他问题基本上能够有效地缩短一半的时间。软件作为前端，一来满足设计师快速设计需求，二来提高客户参与度，三来连接后端软件有利于工厂大规模定制的生产，提高效率。

现今的市场需求，定制家具测量设计师需要具备全方面的能力，要懂得家装、材料以及最新的市场导向，需要去现场沟通，对象范围包括客户本人、家装设计师、装修工人、煤气公司人员等。一般情况下，专业的装修人员沟通起来比较轻松。但是最终材质的选择，方案的确认都需要客户参与。但是很多情况下，会出现客户空间想象能力不够好，解释起来会非常的费时费力，而现在快节奏的生活每分每秒都很宝贵。这就需要一个能够快速更改方案，能看到实际效果的软件参与进来了。

如图 3-7 所示，软件可以进行快速平面户型模拟设置，进入三维空间后应用已有参数化柜体方案进行设计，到第三步即是完成衣柜设计方案的整体设计，到这一步半个小时以内轻松完成，第四步是应用软件的渲染功能进行布灯渲染，输出效果图，到这一步前端的设计即完成，可以与客户进行方案的沟通。

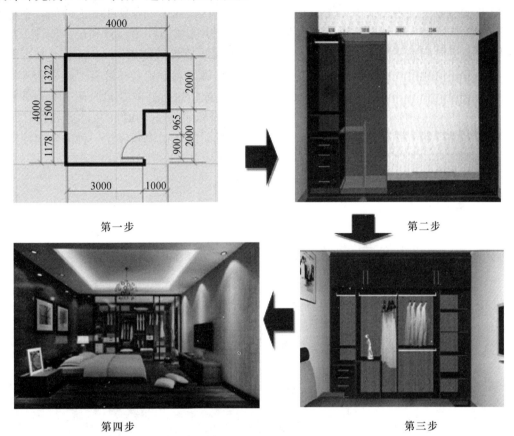

图 3-7　软件方案设计步骤

表 3-1 数据给出了某家具定制公司某店面 36 天内销售接单情况，A～K 是设计师编号，因设计师资历不同派单数据有所不同，也因为每单的单值不同需要花费的时间和精力也有所不同，我们以最大单数来做出平均的初步计算：

表 3-1　36 天某店面设计师接单统计

	A	B	C	D	E	F	G	H	J	K
4.23—5.04	7	6	7	4	7	4	3	6	6	5
5.05—5.14	4	7	5	2	5	2	0	5	5	5
5.15—5.24	3	2	3	0	3	0	3	3	3	4
5.25—5.28	2	2	3	2	2	0	0	2	3	3
总计	16	17	18	8	17	6	6	16	17	17

从表中可以看出，36 天 C 设计师接单 18 个，两天一个客户，每单客户至少需要初测、复尺和沟通方案三个阶段，时间整合相当于两天时间其中一天安排分别访问 3 个客

户，或初测或复尺或沟通方案签合同，另外一天完成客户图纸绘制、效果图完成、工厂生产沟通、以及整理图纸下单到工厂等的流程。设计师一天能工作的时间为 8 小时，三家客户图纸平均一家花掉 2.7 小时，这 2.7 个小时时间内是用接单软件绘制效果图包括建模、初步效果、沟通更改方案、重出效果图、导出 CAD 图纸以及报价并且作出适当调整，其中与客户沟通方案会占据最少 1/4 的时间，与工厂对接沟通图纸花费 1/8 的时间，整理图纸下单到工厂需要 1/4 的时间，剩下的时间能对一个方案进行初步设计和最终设计，其中初步设计建立空间感只需要十分钟。与 3D max 做初步比较，使用 3D，效果逼真，即使是在已经有了家具模块的基础上进行方案设计，方案做好后渲染和布灯需要花费较多的时间，而且对设计师的 3D 技能要求较高。一个普通设计师想出好的效果，用 3D max 渲染需要 4h，再加上绘制 CAD 图纸，加上与客户约见及沟通方案的时间，远远超过 2.7 小时。快节奏的生活使得人们的时间很宝贵，由此可见，前端销售软件是一种非常实用且强大的工具。

3.5 案例分析

3.5.1 小户型办公空间设计

图 3-8 和图 3-9 是按照客户需求进行设计，以前端销售软件为工具完成的方案。空间面积 15m²，要求具备多种功能，但是又不能够显得空间过于拥挤。

图 3-8　书房渲染出图（一）　　　　图 3-9　书房渲染出图（二）

为满足该客户需求，小户型空间有限，空间设计要遵循紧凑性和舒适性原则，具体可以从几方面入手：

（1）空间高利用率：小户型空间对任何一平米的地方都要精打细算，充分利用每一个合适的角落空间。如图 3-8 和 3-9 所示，使用榻榻米抽屉置于飘窗前，其上放置软垫，整体成为可供休息小憩的地方。

（2）多功能搭配适应性：为满足一房多用的功能，在设计时也需要进行功能分区规划。图 3-8 和 3-9 中小十多平米分为工作区、休息区和阅读书房区。另外中间部分空旷，可以在房中弹吉他论文艺，因此还具备娱乐区功能。

（3）虚实增加空间感：户型太小，在图中方案中采用门板虚实结合，柜体上端不到顶，留一定空间，使得空间不显拥挤，具有空间感。

与此同时，软件可以直接导出 CAD 图纸以及报价表格，如图 3-10、图 3-11 所示。导出的图纸如图 3-12～图 3.17 所示。适当调整之后可以与客户进行当面沟通，调整方案。调整时，可在电脑上直接用软件更改，当面矫正，当面确认方案，客户满意即可签订合同，向工厂提交生成的文件，进行工厂分解与生产的程序。

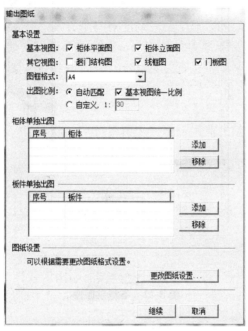

图 3-10　软件输出图纸界面

衣柜/推拉门报价清单

任务令号：Y16北京9876

	板厚mm	材料名称	材质	数量	单位	单价	金额	备注
柜体	18	18背板	白色03-103	1.07	m²	280	299.6	
	18	18背板1	白色03-103	1.32	m²	280	369.6	
	9	9背板2	白色03-103	1.24	m²	0	0	
							￥: 12702.15	

配件	代码	数量	单位	单价	金额	备注
抽屉	海蒂诗三节轨	10	个	220	2200	
拉手	KJ-128B-18	18	个	35	630	
					￥: 2830	

序号	尺寸(mm)		边框		面材	扇数	单价	平米数	金额
	宽	高	形状	颜色	材质色号				
								￥: 0	

序号	尺寸(mm)		门型	面材	扇数	单价	平米数	金额
	宽	高		材质色号				
1	398	168	PK-14	白色亚光油漆	10	1775	0.67	1189.25
2	300	2200	PK-14	白色亚光油漆	1	1775	0.66	1171.5
3	1572	300	PK-14	白色亚光油漆	1	1775	0.47	834.25
							￥: 10863	

大写:	贰万陆仟叁佰玖拾伍元壹角伍分			总计￥:	26395.15
备注:				优惠￥:	
大写:	贰万陆仟叁佰玖拾伍元壹角伍分			实收￥:	26395.15

说明：客户芯不涉及图纸变更情况下增加或减少五金配件，其差额以实际发生额为准。

订单签订地点:	1	订单签订时间:	2016/5/29	交货日期:	2016/5/29
客户签字:		接定人:	蔡娟	设计师:	蔡娟	签订日期:	2016/5/29 20:11

盖章有效

图 3-11　书房报价清单

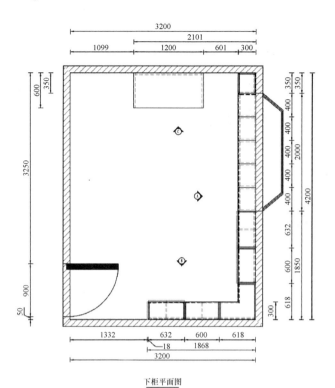

图 3-12　下柜平面图

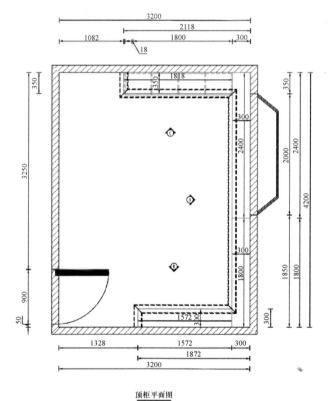

图 3-13　顶柜平面图

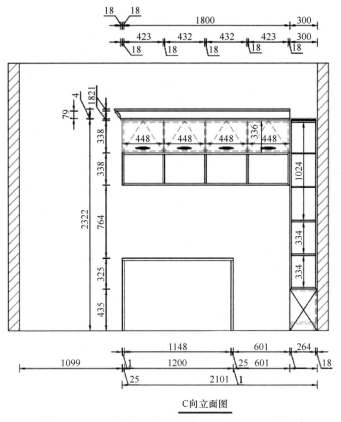

C 向立面图

图 3-14   C 向立面图

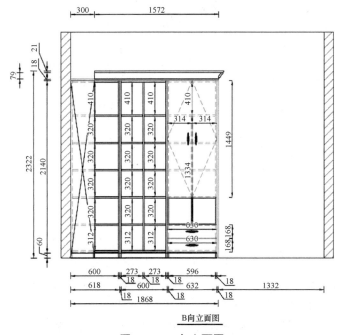

B 向立面图

图 3-15   B 向立面图

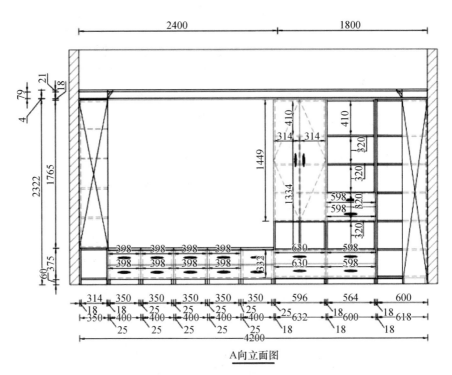

图 3-16　A 向立面图

图 3-17　轴测图功能分区

3.5.2　小户型居室空间设计

1）榻榻米

榻榻米是一种受欢迎的家具类型。图 3-18 中所示为某公司为一个客户提供的房型设计方案，客户只提到想要房间内储物空间充足，具备衣柜、书柜和书桌的功能。应客户需求以及房型尺寸进行如下设计，对房屋空间的划分做了合理的分区。

此时，在初步方案设计完成时约见客户在店面进一步沟通，当面沟通的结果是左边的方案没有变化，右边的方案书柜部位的设计不能完全放下家里的书。因此，我们当场更改方案，所有书柜内部都是隔板，抽屉占用空间太大而且增加成本，因此，换成隔板与平开门，书柜上方书柜吊柜与榻榻米上书柜平齐，操作步骤即第三部分的流程，花费半个小时的时间，进行修改方案并且渲染出图，最终效果图如图 3-19、图 3-20 所示。

图 3-18　沟通前效果图方案

图 3-19　最终方案渲染前三维图

图 3-20　最终方案渲染后效果图

该效果图是使用软件的"标准件＋非标件"相结合，并且光线渲染，最后用 PS 进行润色而得。效果真实，能给客户更加直观的视觉与体感感应。最后能够提供给客户的包括图 3-21～图 3-25 的效果图、报价以及 CAD 图纸，当场报价有助于把控成本，提高敲定订单的成功率。

衣柜/推拉门报价清单								
板厚mm		材料名称	材质	数量	单位	单价	金额	备注
柜体	18	18背板	白色 03-103	0.41	m²	308	126.28	
	18	背板	白色 03-103	1.38	m²	308	425.04	
	18	左侧板	白色 03-103	1.19	m²	308	366.52	
	18	左侧板	白色 03-103	1.94	m²	308	597.52	
	18	左侧板	白色 03-103	1.69	m²	308	520.52	
							¥:14069.44	

配件	代码	数量	单位	单价	金额	备注		
KJ-H-19	KJ-H-19	10	个	35	350			
海蒂诗110度	海蒂诗110度全	47	个	35	1645			
						¥:2479.86		

序号	尺寸（mm）		边框		面材	扇数	单价	平米数	金额
	宽	高	形状	颜色	材质色号				
									¥:0

序号	尺寸（mm）		门型	面材	扇数	单价	平米数	金额
	宽	高		材质色号				
1	30	800	JF-01	象牙白 KJF-	1	1386	0.02	27.72
2	50	2332	JF-01	象牙白 KJF-	1	1386	0.12	166.32
13	596	398	JF-05	象牙白 KJF-	1	1386	0.24	332.64
14	697	447	JF-01	象牙白 KJF-	4	1386	1.25	1732.5
								¥:13277.88

大写	贰万玖仟捌佰贰拾柒元壹角捌分		总计¥:	29827.18
备注			优惠¥:	
大写	贰万玖仟捌佰贰拾柒元壹角捌分		实收¥:	29827.18
说明	客户在不涉及图纸变更的情况下增加或减少五金配件，其差额以实际发生额为准。			
	订单签订地点：	订单签订时间：	2016/5/2	交货日期：	2016/7/2
客户签字：		签定人：	设计师：	签订日期：	2106/5/17 13:54
					盖章有效

图 3-21 榻榻米方案报价清单

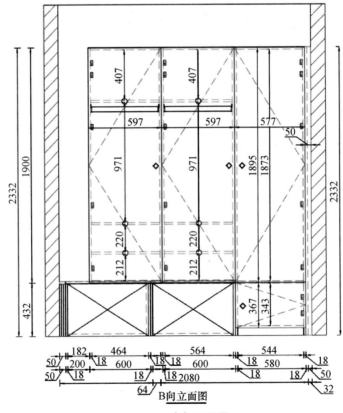

图 3-22 衣柜立面图

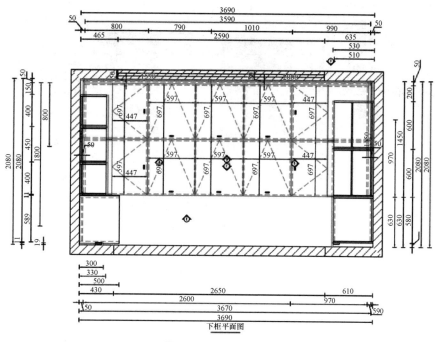

图 3-23　顶视平面图

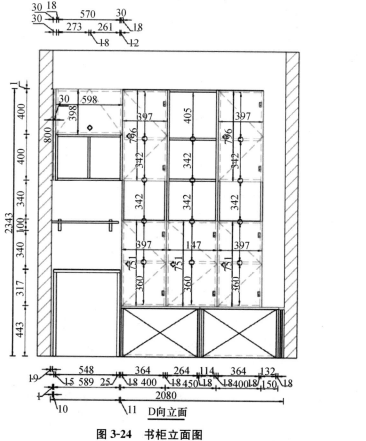

图 3-24　书柜立面图

图 3-25　客卧功能分区

2）45 平米小户型

图 3-26 为一个 45 平方米的小户型，下面的重点介绍卧室和客厅布置。方案使用前端软件制作。首先选择风格，根据客户需求选定风格和选材，然后进行建模、方案设计及渲染，最后效果如图 3-27 所示。客厅的右侧是卧室，卧室空间较小，除了榻榻米方案，还可以进行正常布置，与客厅连通部分采用玻璃推拉门设计，空间感很强，室内床头板是实木墙，卧室另一边是衣柜，因为横向尺寸限制，衣柜使用推拉门而不是平开门，设置简洁不显拥挤。客厅留出较大空间使用隐形隔断划分空间。进行储物柜＋书房＋客厅，书柜位于沙发后面，将空间分成两个部分，视野不拘束，分区明显，收纳空间充足，满足客户所有要求。整体居住氛围温馨舒适，整体格局采用开放和透明。进门设计平板储物柜，简单空间设计，轻松解决空间小但需要储物空间充足的问题。

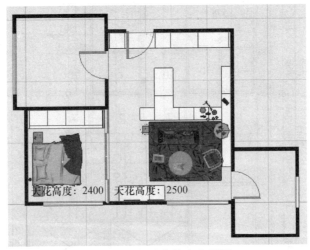

图 3-26　45 平米的小户型图

3）其他案例

门店销售软件现今涵盖多个行业，建材、室内、家具都有涉及。除了上述的衣柜设计销售系统，还可以用厨柜设计销售系统进行厨房设计，图 3-28 为衣柜设计销售系统设计的简欧风格的书房，图 3-29～图 3-32 是厨柜设计销售系统设计的厨房，不论是小户型还是别墅都可以做出很好的效果。

图 3-27　45 平小户型方案设计效果图

图 3-28　简欧风格书房　　　　　　　　　　图 3-29　别墅厨房效果图

图 3-30　现代厨房　　　　　　　　　　　图 3-31　简欧厨房

图 3-32　现代厨房多角度效果图

3.5.3　前端销售软件的现实意义

在这个快节奏的年代，速度也变成了一切成功的关键。在竞争激烈的市场环境下速度快就能抢占先机才不至于落后。

前端软件的应用能够有效地使得前后端实现无缝衔接，家具公司应根据市场发展，积极地进行设计师软件培训，实现紧密的衔接。通过此种柔性化生产以及软件的应用，生产产能能够按倍数提高，出错率也会随着降低，最少50％，交货周期从几个月短到十几天。材料利用率提高，工人技术要求降低，时间加快，成本降低。

这种前端软件通过快速设计和快速沟通满足企业订单率的提升，还通过导出客户需要的效果图、二维尺寸图以及报价，更好的把控成本与方案，提高客户参与度。同时能够通过数据信息技术将前端方案转化成后端需要的各种生产清单指导生产，将图纸信息转化成生产设备能够识别的数据，实现自动化生产，提高材料利用率以及降低人力、物力和时间成本。

在大规模定制的发展趋势与个性化的服务需求下，新的市场模式应运而生。为了满足不同的客户需求与大规模的生产需求，传统的生产模式已经被淘汰，新的软件技术伴随而生。在大数据加工技术发展条件下，个性化房屋很多成为半标准化房屋，而且面对的客户群体主要是年轻群体，他们对于更快的交货周期以及较低的造价关注度比装修的格调更加注重。因此，前端软件这类快捷性接单软件在新的市场模式下具有很重要的意义。不仅能够提供这样的快速服务，而且能够实现前后端连接、线上线下体验等功能，速度加快，意味着时间成本降低。另外，在中国智造2020的大条件下，实现智慧生产成为未来定制家具行业制造技术的必然，要实现工业4.0，就需要一个让社会和人能够适应的过渡期，而快捷接单软件与定制化正好成为这个过渡期的因素之一，重要性和必然性不言而喻。

第4章 家具数字化加工背景下的定制生产

4.1 数字化加工产生的背景及现状

4.1.1 数字化加工产生的背景

随着全球经济与科技的快速发展，新一代信息技术已经深度融合到制造业当中，这必定会引发意义深刻的产业变革，并形成前所未有的商业模式、生产形式、产业形态和新的经济增长点。由德国引领的工业4.0革命正在全球制造行业内掀起一股革命的热潮，工业4.0即以智能制造为主导的第四次工业革命，其主题是智能工厂、智能生产和智能物流；日本工业4.0的突破口是能源的供给对"人工智能"产业的探索；美国工业4.0即工业互联网更注重工业上的互联，是一种工业资源的智能整合，体现在系统集成领域。2015年5月，国务院公布了强化高端制造业的国家战略规划《中国制造2025》，以积极应对国际新格局和引导国内制造业正确发展。全球制造业竞争格局正在发生重大变化，我国在面临巨大挑战的同时也迎来了制造业转型升级、创新发展的重大机遇。

在国务院文件《中国制造2025》中，推进信息化与工业化深度融合作为战略任务和重点之一被提出，旨在加快推动新一代信息技术与制造技术的深度融合与创新集成。智能制造是两化深度融合的主攻方向，内容包括着力发展智能装备和智能产品，培育新兴生产形式，推进生产过程智能化，全面提升企业研发、制造、管理和服务的智能化程度。

在经济全球化的情况下迎来工业4.0，我国家具行业也迎来了巨大的压力和挑战，为追求生存空间不得不被迫转型升级。我国家具企业的行动主要表现在家具生产系统，即建立并完善家具生产过程的自动化、数字化和网络化。

与此同时，八零后、九零后消费群体逐渐步入买房、装修阶段，成为未来家具、建材、装修市场的主流消费人群。由于主流消费者的年轻化和户型的多样性，消费者也更倾向于按照自身的喜好及需要定制家具。大规模定制家具成本低，而且能以敏捷的操作迅速响应单个客户的订单。近十几年来，作为一种新兴的生产方式席卷了国内外制造业，随着80、90后消费群体的成长，个性化需求消费成为一种时尚消费，且定制家具正迎合了现代年轻人追求个性的性格特点。正是由于这批消费群体的网购习惯奠定了家具电商的美好前景，O2O模式下的大规模定制家具营销生产模式应运而生。

O2O（Online to Offline）是指把线上的消费者带进现实的商店即实体店，与传统电子商务的"电子市场＋物流配送"模式不同，建立在O2O模式基础上的电商企业大多数都是"电子市场＋实体店体验消费"模式。消费者可以用比较实惠的价格购买产品及服务，或者在网上预约下单，然后到实体店体验消费并完成支付。

大规模定制家具生产模式下，家具的设计要始终秉着并且满足"减少产品内部结构多样化、提高产品外部形式多样化"这一原则。运用标准化原则构建相对应的标准化体系是降低产品内部结构多样化的主要方法，由系列化、模块化、通用化和组合化等所组成的标准化体系通常被视为大规模定制家具的产品设计体系。另外，数字化协同设计技术，作为大规模定制家具产品设计体系的新方向，主要是为管理者、拆单员、设计师、客户等构造一个协同工作的环境，并提供数据管理、数据共享、网络通信、操作协作与冲突仲裁等方面的信息。

O2O模式下的大规模定制家具产品设计是以客户需求为导向、以客户体验为主，消费者在这种模式下积极主动深度参与共创价值。除此之外，O2O能极大地增强生产者和消费者之间的互动，让企业得以更好地收集海量的数据，建立个性化需求信息库，以期更好地完善服务体系并提高消费者的体验和满意度。O2O家具定制流程：网上预约＋设计师上门测量＋实体店看设计方案。当消费者进入实体店看设计方案的阶段，这是一个设计师与消费者当面共同设计的阶段，一般需要进行设计方案的调整，这就要求设计师端的设计软件能及时、方便、快速的调整设计方案。

随着社会的进步和人民文化程度的提高，人们对家具产品的需求已经不仅仅局限于功能满足，还有对个性化的追求，正如前文所述，大规模定制已经成为必然，并且客户对定制的速度要求越来越快。Lihra等采用联合分析法研究了定制类型、定制时间、交货期限和价格四种因素对民用家具领域实施定制的影响，结果表明，价格因素是消费者决策的重要影响因素，约占50%，交货期限和定制类型的影响都约占20%，这说明交货期限是除了价格因素外对消费者决策起主要影响。而当家具企业应用CAD等数字化设计软件时，明显缩短了家具设计制造周期，而且还能降低设计阶段的人工成本，对企业实现复杂产品的生产能起到辅助作用。曹平祥在其《板式家具数字化制造技术浅谈》论文中提到，销售时，设计者通过三维立体的可视化平台，与客户进行现场沟通共同设计，确定产品的实际功能、设计风格、空间利用并得到产品报价单；消费者确认设计签订订单合同后，将立即生成订单与产品数据，并通过网络直接传送到工厂；工厂使用专业的设计拆单系统对订单进行处理分析，依据不同的加工工序，生成相应工序的数据文件，与电脑控制的机械设备无缝对接，之后进行产品生产制造。

4.1.2 数字化加工产生的研究现状

4.1.2.1 国外发展应用现状

上个世纪80年代中期，欧洲的家具设备制造商在各国成功推行"32mm系统"，"32mm系统"得以在全球范围内被采用和研究，这为家具自动化、数字化生产奠定了基础。1987年，Tom Burke宣布美国家具制造业步入了信息化时代，计算机技术在家具生产的每个环节都扮演着重要角色，如产品设计、开料、计划、排产等。

2003年，已有国外学者从模块的识别、产品平台开发和产品生命周期集成三个方面论述并讨论了实施大规模定制的机遇和挑战，最后概括了其技术路线。随着计算机技术、通信技术、机械与控制设备各项技术的不断发展与成熟，CAD、CAM、准时化生产JIT、柔性制造系统FMS、精益生产、企业资源计划系统ERP等先进的理论和制造技术不断地被引入家具生产制造过程中。

与亚洲其他国家形成鲜明对比,大部分日本家具生产已经真正实现了机械化、自动化,提高了产品质量和生产率,缩短生产周期、减少人工错误等使得日本成为亚洲家具制造业的领头者。

针对家具大规模定制系统,豪迈集团推出了 Wood CAD/CAM,它是一款家具制造工艺设计软件,前端软件有 Wood net 和 3DGolden;另外还有 Imos 家具工艺设计软件、In-Sight 家具企业管理软件和加拿大 2020 科技有限公司推出的集家具设计、管理和工艺于一体的 2020 软件。

4.1.2.2　国内发展研究应用现状

目前越来越多的学者致力于家具数字化的研究,吴智慧在《信息经济时代的家具先进制造技术》中系统全面地阐述了家具制造业的先进技术,为家具制造业现代化研究提供了完整的思路。王双科等人在《家具企业的信息化系统》系列讲座中从销售到生产端数字化改造,全面论述了数字化系统的构成,并且提出在先进制造技术和信息技术的支持下,以大批量生产的成本、质量及效率优势满足顾客个性化需求和服务的生产模式。朱剑刚通过《面向大规模定制的家具数字化设计技术》一文阐述了家具数字化设计技术的定义与理念,并概括了国内家具行业数字化设计的应用情况。介绍了大规模定制家具中数字化设计的技术特点和技术系统,详细分析了国内家具行业在构建其数字化设计技术体系的过程中亟待解决的问题,给国内家具产业转型升级和家具企业数字化设计体系的构建和开发提供了有益的指导意见。丁正星在其研究中以 Wood CAD/CAM 软件为基础,通过对该软件基础数据库的建立、常规产品数据库的建立、软件的实际应用的研究,并结合其实践经历,向国内板式家具企业实施数字化生产项目提出了相关建议。王豹文利用 Wood CAD/CAM 软件对板式家具数字化设计技术进行研究,成功地实施了以橱柜、办公柜为主的柜类产品订单,从下单到产品生产包装的数字化生产流程。2016 年,熊先青等人在《大规模定制家具快速响应机制及关键技术的研究》一文中总结并提出大规模定制家具快速响应的关键技术架构,包括客户需求信息的采集与处理技术、产品开发设计与快速配置技术、生产线优化与柔性制造技术、供应链协作与运转技术及企业信息共享与管控技术五个方面,并对家具快速响应机制的基本流程和实施过程进行了详细解读,对我国大规模定制家具企业实现客户需求快速响应具有一定的借鉴作用。2010 年在木竹产品大规模定制敏捷制造技术等领域,部分企业实施国家高技术研究发展计划,并结合信息与计算机技术,优化配置、全程监控和集成管理人、材、物、市场、技术、信息等资源,使定制产品生产周期缩短到原来的 2/3,原材料利用率提高了 5%,能量耗损降低了 10%,成本降低 10%,获得了显著成效。

国内对家具数字生产的研究文献很多,涵盖了数字化设计、数字化制造、数字化管理等各个方面,对家具数字化生产的概念、理论和关键技术进行了较为全面、系统地研究探讨,这些研究对引导我国家具行业的发展起到了重要作用,但对具体的某项技术或某个软件的应用研究比较少。在中国制造 2025、数字化加工盛行和 O2O 模式下的大规模定制家具生产模式风靡的大背景下,家具行业必然面临新的转型,而 WCC 能将设计与后台生产制造无缝连接,直接促进大规模定制模式的成功实施。

4.2 板式家具数字化加工

4.2.1 板式家具的传统加工方法

4.2.1.1 板式家具定义及其优点

板式家具的结构为板式结构，有可拆装式和不可拆装式之分，大多为可拆装式结构。板式结构是在人造板生产发展的基础上形成的一种木家具结构类型，主要是以木质人造板为基材做成的各种板式部件（如刨花板、中密度纤维板、多层板、细木工板、空心板、实木整拼板即集成材、层积材、框嵌板等）和采用五金连接件等相应的接合方式所构成的。即板式家具是以木质人造板为基材、用五金连接件连接组装而成的家具，其产品的结构特征为"（标准化）部件＋（五金件）接口"。

板式家具所用的板式部件，从结构上可分为实心板件和空心板件两类。这两类都是由芯层材料和饰面材料两部分所组成的复合材料，通常是三层或五层对称结构。板式家具所采用的主要原材料是通过木材综合利用而制得的人造板材，木材利用率高、可节省天然木材；板式部件材性稳定、翘曲变形小，使得木制品家具质量得到改善；板式部件加工可先装饰后装配，简化加工工艺，利于实现机械化、连续化、自动化和流水线生产；板式家具拆装简单、便于实现标准化生产、利于销售运输和使用；随着新材料、新技术和新工艺在家具中的应用，人造板件由平整光滑逐渐向具有装饰图案和线型造型转变，使得板式家具造型新颖质朴、装饰丰富多样。

4.2.2 数字化工厂

4.2.2.1 数字化工厂的概念

数字化工厂（Digitalized Factory）是一种新兴的制造模式，创造性地最大程度降低了生产的全过程，包括思维过程的浪费、作业流程的浪费、物流运输的浪费；还直接简化了产品制造全生命周期中数据信息传递的转换过程，使得制造过程中的效能和效率最大化。数字化工厂依靠产品的立体数字模型来定义和优化产品的生产过程，并向各个工序的操作者提供交互性的数字化生产指令和操作引导说明；同时，操作者也将通过人机交互界面，以数字化的方式向上层业务过程反馈作业状态信息。

数字工厂（Digital factory）是对现实工厂的虚拟模仿，其主要用途是在虚拟模型内对数据和结果进行一系列数字模拟，进而用于指导实际工厂的优化产品设计和制造过程，以提高生产的柔性。而数字化工厂穿越了人机界面，从数字工厂的虚拟世界走到现实世界中，把以数据模拟的产品和生产过程的信息传递给操作人员；操作人员又利用数字化设备把加工状态以数字的形式，反馈给虚拟的数字工厂；这样便构成了从虚拟到现实再回到虚拟的完整数据传递链。虚拟的数字工厂和现实的数字化工厂都只是产品整个生命周期信息全数字化的一部分。

数字化制造的定义和数字化工厂的概念极其类似。但是数字化制造的范围包括了产品整个生命周期的全过程：从工程与工艺设计到生产，接着从使用到服务和维修，还包括了所有的供应商和合作伙伴。

4.2.2.2　数字化工厂应用研究重点

当前数字化工厂应用研究的重点为 3D 设计模型中可制造信息的定义、模型作业指导书、向作业工人传递数字化信息、现场作业数据采集和信息反馈的数字化、现场例外信息的数字化、质量和依从性信息的数字化。这六个方面是数字化信息链上的断点，只有将这些断点弥合才能构建可以运作的数字化工厂。

由图 4-1 可清晰地看到大规模定制家具的关键技术涵盖了定制家具的全部工作流程，实现了这些关键技术也就实现了定制家具的数字化制造。其中最为关键的产品设计研发环节衔接整个过程，如何保证设计环节快速反应和快速执行的能力，是实现大规模定制家具生产的一项核心技术。其主要技术包括产品族设计技术、产品协同设计技术以及产品配置与后延设计。

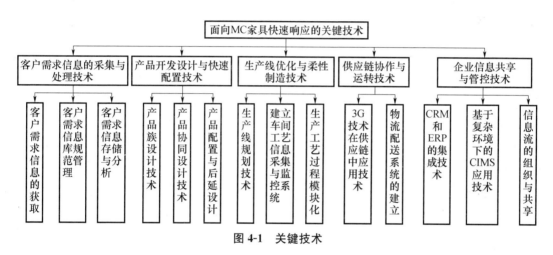

图 4-1　关键技术

（1）产品族设计技术：分析量化客户需求，搭建定制家具产品族的设计及其配置系统，建立一套包括企业所有家具产品类型的三维参数化零部件数据库，规划定制产品族，建立标准模块数字化技术，将定制产品以成组的方式分类，确定大规模定制家具产品复杂信息的编码规则，利用信息编码技术，建立家具产品网络数据存取交换和产品数据管理系统，进而构建家具企业自己的设计模型库，以达到设计过程对顾客迅速回应的目的。

（2）产品协同设计技术：为了实现大规模定制家具产品数字化设计，需要在分析定制家具产品协同定制设计的需求基础上，并且在协同环境下，建立以模块化和可调节参数为基础的产品数据模型，并研发相应的协同推理和模糊综合评价工具，同时还需开发网络虚幻模拟展示与协同定制设计系统。

（3）产品配置与后延设计：决定企业能否获得响应订单的首要因素，是企业能否对顾客的需求做出迅速的响应，快速地搭建出顾客个性化定制的家具结构，计算出产品报价并提供给顾客。这也是企业敏捷性的重要体现。

4.3　数字化加工软件介绍

4.3.1　WCC 软件简介

Wood CAD/CAM 软件是对家具及其内部进行构建的模块化、通用化软件，其运行环境既符合大规模定制家具产品的标准化设计原则如系列化、通用化、组合化和模块化，又能为客户、设计师、拆单员和管理者等提供一个协作环境，还支持整体规划设计，且有效的插入及修改功能，能满足设计端及时、方便快速调整设计方案等特性。该软件不仅具有丰富的 CAD 模块，还带有功能强大的 CAM 模块，通过柔性化参数设置来实现家具产品的造型、结构和工艺规则的定义，自动为生产提供包括工件清单、五金清单、工艺图纸、加工程序、包装清单等各种电子文档，并为成本核算提供必要的依据。

4.3.2　WCC 软件应用优势

目前还有很多企业依旧在采用传统的作业方式：用 AutoCAD 完成产品设计、拆分零件图的工作，并依靠 Excel 建立产品的物料清单。随着大规模定制的流行以及客户对定制家具的速度要求越来越快，依靠传统的方式，人员工作量太大，容易出现错误，使得生产活动难以顺利进行，交货期难以保证。

相对传统的板式家具设计软件，Wood CAD/CAM 具有很多优势，如：完全参数化、产品建模简易快捷、具有强大的五金配件功能、拥有完善的产品信息库、可以自动生成各种生产图表、可控制多台设备实现同步分段协作式生产，同时还具有强大的协同工作能力和拆单功能。

（1）完全参数化：通过参数化方式对物品造型设计、产品尺寸、工艺结构、材料进行柔性定义，用户可根据需要自行添加和调整，还可以通过设定变量体系对物品进行系统性修改。

（2）产品建模简易快捷：自带常用家具产品模型库，新产品构建时只需调用、修改参数和另存，即可得到新的家具模型；利用轮廓精灵功能可以快速完成构想的新产品轮廓。新存储的模型可以不断地被积累并被反复调用。

（3）强大的五金配件功能：自带著名厂商，如海蒂诗，上千种五金配件并能及时更新相关资料。另外，客户也可以按照实际需要添加新的连接件。

（4）完善的产品信息库：物品的外观、尺寸、工艺规律、材料、五金件连接方式等信息可以非常方便的录入到信息库中。

（5）自动生成各种生产图表：如零部件尺寸图、孔位图、封边示意图、CNC 加工程序文件等。

（6）强大的拆单功能：生成物料清单、裁切清单、封边清单、五金清单、外购清单等，通过订单管理软件可以实现订单汇总，进行批量生产，并生成部件标签信息。

（7）强大的协同工作能力：通过在 SQL（Structured Query Language）平台来存储和调用数据，实现数据的共享以及各部门协同工作。提供各种可选的豪迈自动化设备端口处理器套餐，可自动编译开槽、打孔、镂型、封边、铣削等程序，与豪迈（HOMAG）的加工中心实现无缝对接。

（8）控制多台设备实现同步、分段协作式生产。

4.3.3　WCC软件基础数据库建立原则

采用WCC软件的企业一开始都需要依据企业的产品系列、原材料、连接件、工艺流程等建立一套属于本企业的独一无二基础数据库。基础数据的准确性、完整性、有效性是企业实施数字化生产的关键，因此基础数据库的建立必须践行规范、准确、完整和有效的原则。家具企业建立基础数据库首先需要对产品物料、机器、刀具、工艺路线、供应商、仓库等信息进行编码，以使企业资源信息数据可以被企业数字化、信息化系统识别和使用；编码完成之后，就可以着手建立WCC软件最基本的数据库：材料、边型材料、表面材料、定义颜色原则、连接件类型、加工信息等；在此基础上建立定义部件、连接件套装数据库，再构成单个部件、抽屉管理层级，板式家具基本上是由旁板、隔板、搁板、顶（面）板、底板、背板、柜门板、底座、抽屉等主要部件构成，这些主要部件在WCC中被归纳为十类单个部件和抽屉系统，最后构成物品设计层级（图4-2）。

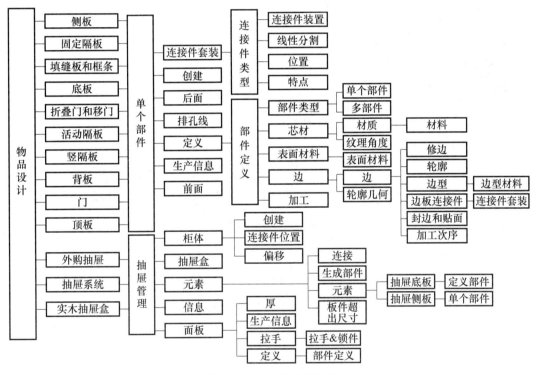

图4-2　WCC层级结构图

4.4　WCC在数字化加工过程中的应用

4.4.1　基于WCC数字化生产流程

接到订单后，订单人员将采用WCC软件进行拆单；物品设计完成后需要根据本企业包装规则对产品零部件包装设计进行适当调整，并将订单中涉及的外协件、外购件等信息发送到相关部门，避免由于外协件或外购件的滞后而影响订单的出货，同时还应上传系统，使用 WCC Organizer 软件自动生成的产品零件图、物料清单等电子文档，这些文档默认保存到电子文档管理系统中，以保证信息传递的安全性、完整性和有效性，之后车间将根据各种清单进行数字化生产制造，最后包装入库管理。

4.4.2 实例分析

4.4.2.1 厨柜

实例是采用软件 WCC 10.0 自带的厨柜模型库建立订单，其地柜标准高度为 720mm，标准进深为 580mm，吊柜标准高度为 720mm，标准进深为 350mm，宽度方向可自由调节，其值以是 50mm 的整数倍为宜。

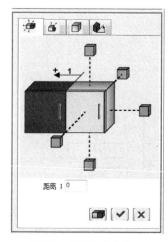 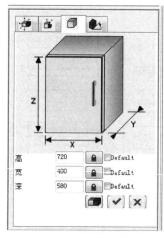 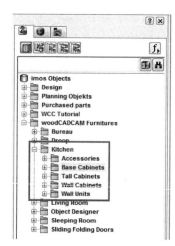

图 4-3 Kitchen 文件夹　　　图 4-4 修改尺寸　　　图 4-5 调整位置

1）新建订单

新建订单，打开新的界面后，在 Wood CAD/CAM Furnitures 下找到 Kitchen 文件夹（图 4-3），从 Base Cabinets 中调用相应的地柜，顺序依次为双开门水盆柜、三屉柜、双开门灶台柜、转角柜、双开门柜、单开门柜，如图 4-4 所示，修改相应柜体的宽度，再切换到第一个标签即可调整将要调用的柜子与选中的参考柜子的位置摆放关系，接着使用同样的方法从 Wall Cabinets 中调用吊柜，有三个单开门吊柜、一个双开门吊柜。

基本布局完成后，就需要确定柜体板件的表面纹理、修边原则（图 4-6）。选择吊柜单开门结构原则 CP_SDO_HC_PB，点击部件定义后的链接进入部件定义界面，以 STANDARD 为模板新建元素 CHUGUI_DOOR，点击表面材料顶部和底部贴面的链接，进入表面材料层级，选择材料 SP_05；门板四边都要求封边，点击边 1～4 后的链接进入边型材料层级，将"边"中四条边的封边材料改为 VE_SP_05mm，并将"边 1"和"边 3"修边原则改为长接，"边 2"和"边 4"修边原则改为短接。

以 PD_Exterior_e_e_P2000 为模板定义 PD_Exterior_e_e_P2000_chu 原则，同门板的方法修改侧板的上下贴面为 SP_05，边 1 封边材料为 VE_SP_05mm，其它边不封边，选择 PRF_00。以同样的方法修改该订单内所有物品的侧板、顶板、底板、搁板、背板等，其中背板"边"层级选择 PRF_00，无需封边（图 4-7）。

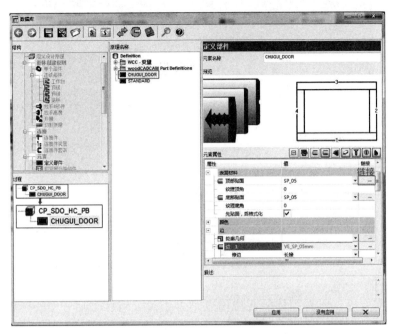

图 4-6　定义门板

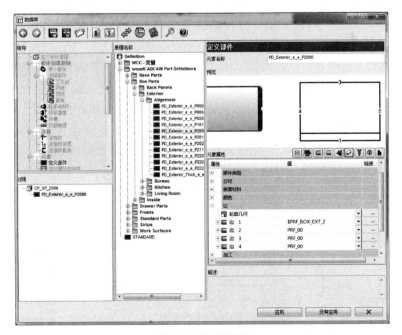

图 4-7　定义侧板

设置完所有参数后，回到物品显示窗口，将二维线框图切换到真实，即可看到贴好材质的橱柜效果图。图 4-8 是用 WCC 渲染功能渲出来的效果图。

图 4-8　橱柜效果图

2）保存订单

拆单之前需要确认所有柜体的孔位信息是否正确，确认之后在 imos classic 模式下，点击输出—文档管理，不累积 CNC 程序，在弹出的"WCC 文件管理"窗口，用 STANDARD 原则框选所有订单物品进行批量定义产品尺寸，即炸单拆单。批量定义尺寸完成后，该订单会自动保存到 WCC Organizer，并自动生成部件清单、外购部件、产品清单、部分表格等，清单上的材料信息以及小板条信息都需再次核对，各项清单详见附录。该订单的加工文件存储在默认文件夹（C：\ ProgramData \ HOMAG eSolution GmbH \ FACTORY \ NCData）下，格式为 .mpr，需安装 WOODWOP 软件才能查看其内容，此时主要查看侧板的打孔信息，可直接查看到孔位的直径和深度，以及铣刀的加工路径。默认的标注图纸文件则在 C：\ ProgramData \ HOMAG eSolution GmbH \ FACTORY \ Imorder 下，一般一件物品对应一个文件夹，每个物品文件夹里包含着该物品的爆炸图、单个部件加工图等；在 BITMAPS 文件夹里保存着各部件的封边示意图，如图 4-9、4-10 和 4-11 分别为其对应的门板、侧板、背板封边示意图。

图 4-9　门板封边示意图　　图 4-10　隔板封边示意图　　图 4-11　背板封边示意图

4.4.2.2　衣柜

应用 WCC 软件的家具企业需要依据系列化、通用化、组合化和模块化原则，采用产品族设计技术，并通过产品成组分类和信息编码技术，构建家具产品网络数据存取交换与产品数据管理系统和大规模定制家具产品复杂信息的编码规则，进而创建家具企业自己的 WCC 数据库。

1）建立衣柜模型库

Imos Object 建立 Design 文件夹，再在 Design 文件夹下新建 yigui 文件夹，用以储存将要建立的衣柜模型。点击新建—物品设计，选择正视图建模，进入到物品设计界面（图 4-12）。首先定义衣柜整体尺寸，本例中衣柜高 1920mm、宽 900mm、深 600mm；再定义衣柜的顶底板、侧板、背板以及门板；点击"竖隔板/抽屉"，在第一线性分割栏后输入 1：400mm；保存命名为 yigui＿di（命名可以自己设定）；选中 yigui＿di，为衣柜添加底座，勾选侧板落地，选择高为 80mm 的踢脚板 BA＿filler＿1000＿H080mm，"底座高度补偿"选择增加总高，此时该衣柜总高为 2000mm。采用同样的方法新建物品 yigui＿ding（图 4-13），高 500mm、宽 900mm、深 600mm，三屉柜高 720mm、宽 450mm、深 550mm，且侧板高出面板 40mm，由于抽屉无拉手，将间隙定为 41mm，可以使抽屉面板凑成整数，同时41mm 间隙较大，符合人体工程学，方便推拉抽屉。

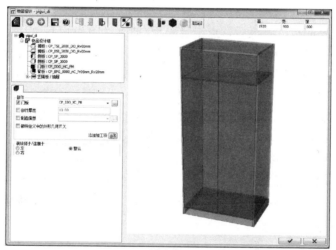

图 4-12　衣柜模型（一）

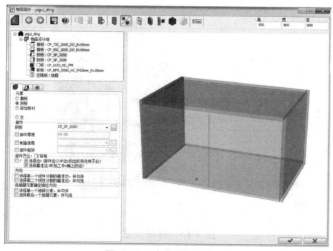

图 4-13　衣柜模型（二）

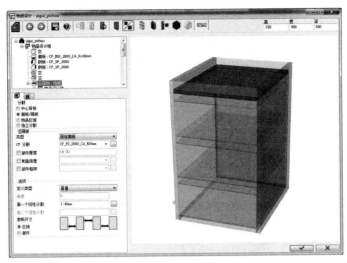

图 4-14　衣柜模型（三）

三屉柜：设置好底板、侧板后，点击竖隔板/抽屉（图 4-14），设置类型为固定搁板，第一线性分割输入 1：40mm；在第二组物品设计组中设置三个抽屉，抽屉面板高 175mm，无拉手，抽屉间间隔为 41mm，最下面的抽屉距离底板 2mm，在分割下面勾选激活面板定义，并输入 2mm：1：41mm：1：41mm：1：41mm 或 2mm：3 {1：41mm}。由于 41mm 间隙较大，系统会默认 41mm 也是一个抽屉，继而在如图 4-15 红色框内生成六个抽屉部件，点击第一、三、五个抽屉将原则对应原则选择为空。之后点击其它抽屉 i_concealed_slide 后的链接，进入"抽屉管理"界面，新建 i_concealed_slide_yigui 原则，在面板标签层级下定义面板部件 PD_DR_Front_s_s_Pssss_yigui，并将拉手改为无；切换到元素标签下，定义抽屉底板、屉帮、屉堵，WCC 系统中将屉帮和屉堵统一命名为抽屉侧板。

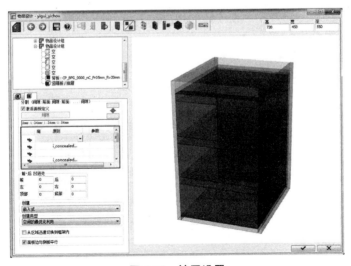

图 4-15　抽屉设置

2）设置变量参数

这一步将建立关于刨花板贴面材料和封边材料的变量体系，包含了两个变量：贴面和封边。建立变量体系可以明显减少基础数据库的各项元素，防止数据库臃肿庞大，并且可以在同一时间内修改不同类型的变量，能够方便快速地更改方案。在变量窗口，新建变量 bs，设置其类型为系，变量 tiemian 类型为表面，fengbian 类型为边型，修改订单值，并建立相对应的值套装：PE05、WEN05（图 4-16、图 4-17）。

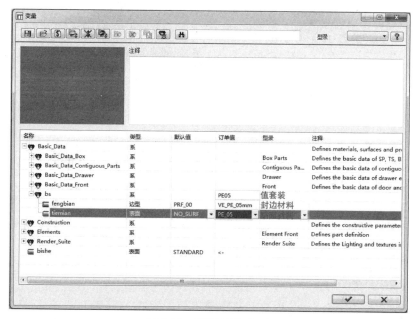

图 4-16　变量设置（一）

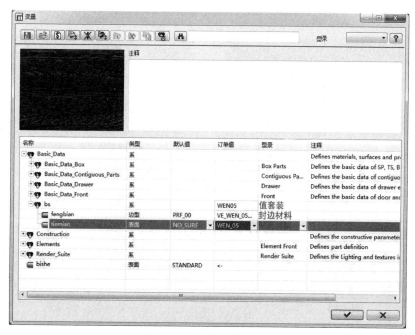

图 4-17　变量设置（二）

3）新建和保存订单

在第一步建立的数据库"yigui"文件夹中调用物品，使用"物体设计"功能打开物品设计界面，将搁板、侧板、门板、抽屉面板的"部件定义"下的"表面材料"的顶部贴面和底部贴面改为变量"＄tiemian"，边1至边4改为变量"＄fengbian"，完成这些步骤后再回到变量界面，将值套装改为 PE05 或 WEN05，订单内所有相应物品会在同一时间内统一改变颜色，方便快捷（图 4-18、图 4-19）。

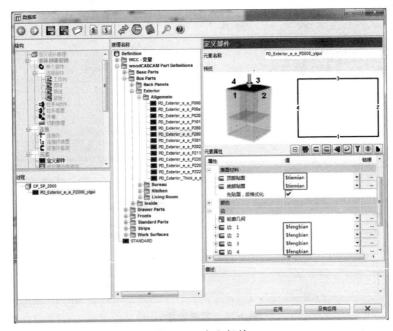

图 4-18　定义部件

图 4-19　梨木

图 4-20　鸡翅木

4.5　家具数字化加工的建议

目前国内家具市场主流消费者趋于年轻化，体现在消费者越来越追求产品的个性化服务，大规模定制家具生产模式应运而生。在国内政府政策的鼓励和家具市场的压力下，借助数字化制造技术向多品种、小批量的家具生产模式转型，是家具企业在激烈的市场竞争中追求生存的必经之路。由于家具数字化加工技术博大精深，笔者在本章节中仅给出了一定的建议，对于 WCC 软件的深入探讨以及其他数字化加工软件的应用还需进一步深入了解和学习。

第 5 章　中国传统家具数字化加工

5.1　传统家具的重要性

5.1.1　传统家具的发展

我国的传统家具和文明相伴相生，有着久远的历史。从远古洞穴时期简单的草叶羽皮到商周神秘、威严的祭祀器具，从汉唐流云飞动的漆饰家具到明清精妙绝伦的硬木家具，几千年来，一直保持着独特的民族风格，在世界家具体系中占有重要地位。

中国传统家具蕴积着中国生活和中国文明物化的意识形态。家具随着朝代的更替、文化的融和、生活习俗的变化而变化。中国一直到汉朝都是席地而坐的生活方式，所以生活中的家具也都很低矮。随着佛教文化与汉文化的高度融合，唐朝出现了凳、墩、椅这样的高型家具。高型家具在宋朝得以全面发展，以后又经过五六百年历史的不断发展和提高，在明代创造了高超的家具制作工艺和精美的艺术造型，达到了它的艺术高峰。

5.1.2　明式家具的美

明式家具是中国传统家具中最耀眼的一颗明珠。对明式家具气质的感受，用研究明式家具的著名学者王世襄先生总结的"十六品"来描述最恰当不过，即"简练、淳朴、厚拙、凝重、雄伟、浑圆、沉穆、秾华、文绮、妍秀、劲挺、柔婉、空灵、玲珑、典雅、清新"，高度概括即为"简、厚、精、雅"。

明式家具的美主要体现以下几个方面。

1）木质本身的自然美

为了充分展示木材的天然纹理和色泽，通常选用纹理优美、材质优良的木材作为家具制作的材料，以表现一种自然的美感。明代家具的用材可以分为硬木和柴木两大类。硬木多用于权贵，包括花梨木、紫檀木、鸡翅木等，柴木多用于民间，包括榉木、榆木、樟木等。这其中以黄花梨木制成的家具最为著名。

黄花梨木色泽橙黄有闪光，质地坚韧，纹理流畅美丽富有变化，在华贵中带有素雅之美，所制成的家具给人带来淳朴、典雅、柔婉、空灵的审美体验。明代文人学士十分青睐与自身气质相似的黄花梨木，并将自身的气息与黄花梨木的品性完美融和，自然而然的注入到明式家具的制作过程中，使明代家具的用材不仅仅只是家具的材料，而更是家具文化的一部分。

2）造型雕饰的古典美

明式家具以线为主，线条舒展挺秀，比例适宜，在简练的形态中具有雅的韵味，在世界家具体系中独领风骚。

明式家具很多都采用直线与曲线结合的造型来塑造空灵的意境。直线大气劲挺，曲线柔婉流畅，使家具造型稳重大方，流畅秀丽，刚柔并济，美妙雅致。

明式家具中结构与装饰是一致的。例如明式家具中会运用多种造型简练的牙头和牙条来加固立木与横木之间的连接，会采用富有变化的各种券口来加固腿部的框架，这些富有装饰性的部件，既起支撑和加固作用，又有装饰美化的作用。

明式家具的雕刻装饰也别具一格。明式家具的雕刻大多都有灵活的构图，内容生动形象，雕刻手法高超，通常是以小面积的精致浮雕或镂雕点缀于部件的适当位置，与大面积素板形成强烈对比，颇具华素适度的装饰效果，使的整体显得更简捷明快。

3）人文气息的韵味美

由于文人的参与，明式家具在继承宋元高型家具的基础上，表现出了浓厚的文人气息，使之具有独特的文化魅力与艺术光辉。

"文质彬彬，然后君子"，明式家具正是家具中的君子。所谓"文"反映家具的外在形式，所谓"质"反应家具的使用功能。明式家具造型质朴简洁，线条舒展挺秀、比例恰当适宜、外形素雅端庄、做工精美细腻、装饰与结构一致的特点，正是"文质彬彬"的完美体现。

4）技术工艺的科学美

明式家具结构基本上沿用了中国古木建筑的梁柱结构。家具中起支撑作用的腿部构件，就相当于木构建筑中的立柱。立腿之间用横枨来稳定，形成框架，并用牙子等辅助构件来加固。这种框架结构方法不仅稳定实用，而且可以形成优美的立体轮廓。

而让这种框架结构历经几百年流传到现在依然坚固的原因，除了木质优良，结构本身符合力学原理，更重要的原因是有科学的内部连接结构——榫卯结构。

明式家具有着良好的比例，适宜的尺度，并且符合人体工程学的原理，对家具整体与局部的长短、曲直、宽窄、高低、粗细等方面进行权衡比较，使之在科学与艺术上达到完美融和。

总之，明式家具之所以能成为蜚声中外的艺术瑰宝，除了家具的本身是艺术与技术的完美结合体，极具艺术价值与科研价值，更重要的是它所蕴含的生活理念、设计思维、社会价值观等信息，体现了中国人的智慧与审美。细细地看每一件明式家具，都能感受到典雅、质朴的设计理念。自然流畅的木材纹理，赋予了家具别样的文化内涵；优雅简练的造型中，可以感受到明代文人的"雅"与"逸"，中国的传统文化在家具中得到了绝妙的诠释；精妙的榫卯结构，展示了当时工匠的智巧，同时也给家具结构及其制造带来了无限的可能，在世界家具史上留下了浓墨重彩的一笔。

5.1.3 明式家具对现代设计的启发

明式家具风格是世界家具史上的经典。世界上许多家具的风格从明式家具中直接或间接吸取营养，如英国齐宾代尔式家具，北欧极简的家具风格，都或多或少受到了中国明式家具的影响，把自身国家的文化与中国文化相交融，形成别具一格的优秀家具设计。这其中以汉斯·威格纳（Hans·J·Wegner）的"中国椅"最为著名。

由于清末的动荡，中国经历了屈辱的一百年。在这期间，中国传统家具的传承也随着中断了。随着全球化的加速，西方的技术不断的被引进到中国市场，西方的文化正在强烈地冲击着我们本民族的文化。法国家具的浪漫，意大利家具的精致，德国家具的严谨，北欧家具的清新都各具民族特色。那么什么是中国特色呢？中国特色应该深深地扎根于中国源远流长的文化中，中国人民日常生活当中。当中国人开始怀疑本国的文化，没有民族自信的时候，一批西方优秀的设计师，却相继从中国的文化中得到启发，设计了很多具有中国传统家具神韵却又充满现代气息的家具，并得到了世人的认可。这些活生生的例证，都证明了对中国传统家具进行现代化设计的可行性。

明式家具有极强的生命力，它的艺术魅力与科学价值超越了时间与空间，是中国民族文化永恒的骄傲，为当代的中国设计留下了一笔巨大的财富。

5.1.4 传统家具行业的现状

传统家具的生产在今天的家具生产行业里处于一个比较特殊的位置。传统家具的制作源远流长，延续了上千年，其技艺之精湛令人叹为观止。可是由于历史的原因，这种文化的传承在近代被中断了。上个世纪国内外掀起了一股收藏中国传统家具（以明清家具为主）的热潮，加上"新中式"风格开始崭露头角，传统家具又重新获得了发展的机会。中国现存的古典家具主要分为两类，一是具有文物价值的旧式家具；一类是现代生产的仿古家具。

传统家具的生产目前还是半机械化阶段。大部份企业都已经配备了电脑雕刻机，但是线锯机、刨床、铣床，砂光机等设备的数控化水平很低，目前成套的数控设备配置基本还没有成型。这对于适应现代机械化、自动化、规模化的生产模式很是不利。

目前中国传统家具企业存在很多问题，主要有以下几个方面。

5.1.4.1 用材紧缺昂贵

为了满足文人学士对自然美和意境美的追求，同时也要满足达官贵人在使用时心理上的要求，以黄花梨、铁力木、鸡翅木、乌木、紫檀为代表的优质硬木脱颖而出，受到了明清文人学士以及达官贵人的追捧。流传到现代，这些名贵木材制成的家具也成了人们收藏和仿制的对象。

但我国是一个森林资源匮缺的国家，现在制作传统家具的用材多为进口。近几年来，由于国内的一些珍贵树种资源枯竭，而常用的进口材料如檀香紫檀、交趾黄檀、巴西黑黄檀、中美洲黄檀、伯利兹黄檀、微凸黄檀、卢氏黑黄檀等7种树种也已被列入《濒危野生动植物特种国际贸易公约》（CITES）的附录。随着社会的发展，人们环保意识的不断增强，对热带雨林保护力度的逐渐增加，预计以后会有更多的红木家具用材被列入这个公约的附录。这些原因都导致原材料价格不断上涨，红木家具企业的前期投入的成本大幅度上升，飚升至原先价格的几百倍乃至几千倍。

5.1.4.2 木工招工难度大

目前，传统家具的制作对传统的手工艺还很依赖，需要传统木作工人有很扎实的功底。但现在懂传统工艺的木工却每年都在减少，目前市场上几乎是"一工难求"。由于一个木匠从学徒到自己独立干活，需要很长的时间。在古代有"三年不出师"之说，但现在是一个快节奏的社会，不少的年轻人不愿静下心去学习这些传统的手工艺，这就导致拥有传统手工工艺木匠的人数越来越少，企业招工的难度加大，缺工问题非常严重。

5.1.4.3　手工加工安全性低

现阶段我国家具工业总体还属于劳动密集型的传统产业。特别是在传统家具生产行业，数字化程度特别低，大部分机械设备都需要人工操纵，有些工厂即使买了数控设备，如数控带据，由于没有会操纵的人员，以及相应的工程师，这些设备也是闲置在一旁。用非数控的机械设备加工零件，就需要工人直接用手推送工件。这种推送方式存在很大的安全隐患。由于工人与刀具会近距离接触，加上工人文化程度普遍不高，缺乏对设备的了解，所以很容易发生安全事故。

5.1.4.4　异形部件的生产效率不高

传统家具的生产有着很复杂的工艺流程，包括从前期的选材、配料、烘干、到开榫、打卯、钻眼等机械加工过程，再到纯手工雕刻，整个加工过程效率不高。特别是针对异形部件，诸如不规则的轮廓线，插肩榫的榫肩的尖角，非45°格肩、格角，出挓，出梢等异形细节，是传统家具造型中不可避免的。这些细节的手工加工一方面需要很高的技术与审美；另一方面，步骤繁琐，加工效率低，费时费力。

5.1.4.5　生产精度较低导致装配困难

目前的生产方式中工人只能拿到初略的图纸，很难有精确的零件图。加之整个过程都是人指挥机器加工，生产过程中诸如榫头该留多长，榫眼的位置该打在哪里的问题都是工人的主观判断，加上每名工人的参照标准很难完全一样，所以加工过程中很容易出现误差。而开榫打眼都是相辅相成的，一个部位有误差就会给后续的装配带来很大的困难。同时接合不紧密的榫卯结构会削弱家具的稳定性，破坏家具的美感。

5.1.5　传统家具行业升级的途径

传统家具行业想要持续发展，就必须跟上现代化的进程。行业升级需要从两个方面去重点改进，一是设计创新，就是不要在单纯的做仿古家具，而是要在吸取前人精华的基础上设计出符合现代家居环境的产品；二是工艺创新，就要让传统家具的生产过程现代化，利用现在发达的科学技术，让加工过程变得安全高效。

在现代社会，制造系统的革新越来越离不开信息技术。制造系统中的大量作业正在从车间向计算机转移，作为作息处理作业，以提高生产效率，降低劳动强度。为此，虚拟制造的概念被提出，其中数字化加工过程是虚拟制造研究的基础工作之一。有关研究表明，家具企业采用数字化系统，可以大幅度缩短生产周期，减少人力成本，实现复杂产品的生产。

数控技术是利用数字化信息对机械运动及加工过程进行控制的一种方法，是生产自动化的基础。数控技术根据木材机械加工工艺的要求，借助计算机软件技术、网络技术、和数据库技术，对整个加工过程进行信息处理与控制，给出产品生产的工艺数据，并将这些数据传递到整个生产过程，向加工设备提供数字化的作业指令，实现生产过程的最优化、自动化和数字化。这是一种灵活高效且通用的自动化控制技术，为传统家具生产过程中存在的复杂、精密、多品种、批量小的加工问题提供了一种合适可行的解决方案，是传统家具生产行业进行转型升级的良器。

5.1.6 中国传统家具数字化加工意义

想要生产一件优质的红木家具，需要注意很多细节，比如良好的尺寸比例和精准的榫卯结构。目前来讲，红木家具的优质生产需要木工师傅有高超的技艺，合适的工具和很长的工期。可是现在市场竞争激烈，想要从竞争中脱颖而出，除了有好的产品质量，还必须有最低的价格和最短的交货期。这就要借助现代先进的技术来提高传统家具工业的加工技术和设备水平。而且随着国外先进加工设备与模式进入中国，家具加工设备的信息化与数控化是一个不可避免的趋势。所以寻找传统家具制造行业向现代化生产方式过度的路径具有十分重要的现实意义。所以，将数字化加工技术用于中国传统家具的生产过程，是提高工厂的生产效率，减少操作工人的难度，降低生产成本的必要手段。

5.2 传统家具的传统加工方法

中国传统家具种类很多，为了更好介绍传统家具的数字化加工过程，这里仅对条案的数字化加工过程进行详细介绍，对于其他类型的家具，读者可根据这些知识进行融会贯通。

5.2.1 条案

家具名称，凡冠以"条"字的，其形制均窄而长。条案是指腿子缩进带吊头，属于案形结体的窄长案。条案的样式根据案面的造型分为平头案和翘头案两种。这两种条案都有插肩榫和夹头榫两种造法。

插肩榫平头案包括腿、正牙、侧牙、枨、面心、大边、抹头、穿带8种不同的部件。此种条案结构比较简单，一般是四腿着地，不带管脚枨或托子，面板一般为边抹攒框，打槽装板心。

5.2.2 加工设备

传统家具目前是以半机械半人工操作和纯人工操作相结合的生产方式进行生产。插肩榫平头案在生产过程主要用到干燥窑对木材进行干燥，并采用推台锯、平刨机、压刨机、五碟锯、地锣、吊锣、手拉锯、方眼机等加工设备。

干燥窑主要用于干燥木材，将木材的含水率控制在合理的范围，避免家具在使用的过程中因为含水率的变化而翘曲变形甚至开裂。干燥窑的主要设施和设备包括干燥窑壳体、供热与调湿设备、气流循环设备、检测与控制设备、木材运载与装卸设备等（图5-1）。

推台锯主要用于裁板，包括床身、工作台、移动工作台、切削机构、导向装置等部分。加工操作时，手工推送工件至工作台。工人在操作的时候应该时刻注意安全，预防意外事故的发生（图5-2）。

手拉锯主要用于木料的纵向及横向锯切，可以满足不同角度的锯切加工要求，精度高，噪音低，性能稳定，灵巧实用（图5-3）。

图 5-1　木材干燥窑

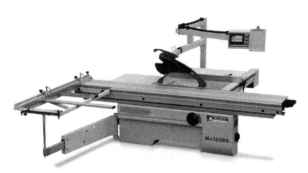

图 5-2　推台锯

图 5-3　手拉锯

　　平刨主要用于定板材的基准面，由床身、前后工作台、刀轴、导尺和传动机构组成。平刨机将毛料的被加工表面加工成平面，使被加工表面成为后续工序所要求的加工和测量基准面（图5-4）。

　　压刨主要用于定板材的厚度，由切削机构、工作台和工作台升降机构、压紧机构、进给机构、传动机构、床身和操纵机构等部分组成（图5-5）。

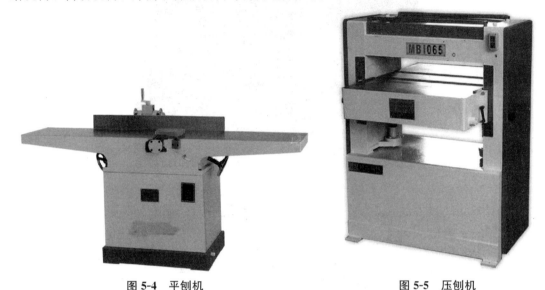

图 5-4　平刨机　　　　　　　　　　　　　　　图 5-5　压刨机

　　立刨主要用于刨削零件的窄长表面，如榫舌和长榫槽。立刨结构较简单（图5-6）。

　　五碟锯即为单头开榫机，主要用于开榫，包括床身、切削机构、小车托架、进给小车及操作机构等组成（图5-7）。

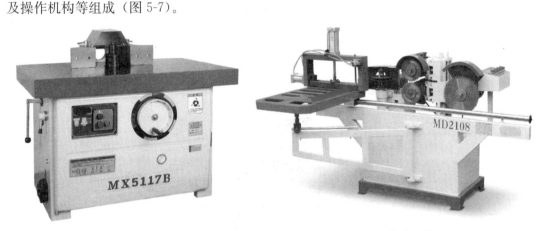

图 5-6　立刨机　　　　　　　　　　　　　　图 5-7　单头开榫机

　　吊锣是一种木工镂铣机，适用于加工各类装饰木线、T型槽、燕尾槽等结构，利用模板可以完成木制品零部件的刨光，仿形铣等（图5-8）。

　　地锣是一种立式单轴木工铣床，主要用于加工零件的外部轮廓，可以装夹多种规格的锯片、铣刀，适用于家具装饰木线、直线、仿形的铣削。

　　方眼机主要用于木料的钻孔开榫眼，是一种既保留传统家具制作工艺，又能高效地进

图 5-8　木工镂铣机

行机械化生产的木工机械。主眼机可方便地开出多种圆的、椭圆的、方的榫眼。机器的工作台调整方便，手轮前后进给传动系统灵活、平稳（图 5-9）。

砂光机主要用于打磨木材表面，修整表面微小的凹凸不平，减小误差，使之达到工艺要求的光洁度和平整度（图 5-10）。

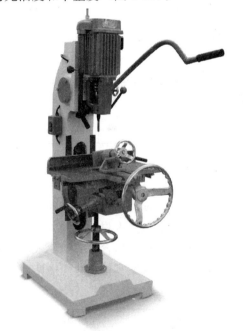

图 5-9　方眼机

图 5-10　带式砂光机

5.2.3　传统加工工艺

5.2.3.1　整体工艺流程

插肩榫的生产过程从先到后包括备料工艺、毛料加工工艺、净料加工工艺、漆饰工艺四过程。其整体工艺流程见表 5-1。

表 5-1　插肩榫平头案传统生产工艺流程

编号	零件名称	零件数	备料				毛料加工			净料加工									装配	涂饰
			干燥窑	画线台	推台锯	推台锯	平刨	压刨	推台锯	砂光机	画线台	手拉锯	方眼机	立刨	五碟锯	吊锣	地锣	砂光机	装配	烫蜡
			板材干燥	板材画线	板材纵解	板材横截	刨基准面	刨相对面	精截	平面修整	画线	截端	通槽打眼	开槽	加工榫头	铣型	铣型	平面修整	零件装配	烫蜡
1	面心	1	●	●	●	●	●	●	●	●	●			●		●		●		
2	左腿	2	●	●	●	●	●	●	●	●	●	●	●			●	●	●		
3	右腿	2	●	●	●	●	●	●	●	●	●	●	●			●	●	●		
4	正牙	2	●	●	●	●	●	●	●	●	●	●	●			●	●	●		
5	侧牙	2	●	●	●	●	●	●	●	●	●	●						●		
6	大边	1	●	●	●	●	●	●	●	●	●	●	●				●	●	●	●
7	抹头	1	●	●	●	●	●	●	●	●	●	●					●	●		
8	上枨	2	●	●	●	●	●	●	●	●	●				●			●		
9	下枨	2	●	●	●	●	●	●	●	●	●				●			●		
10	穿带	2	●	●	●	●	●	●	●	●	●				●			●		

5.2.3.2　备料工艺与毛料加工工艺

古典家具的美有相当一部分在于木材自然流畅的纹理。所以在古典家具的生产中，选料十分关键。要综合考虑家具不同部位的受力要求、视觉要求以及木材的纹理、色泽、缺陷等因素，合理规划木材的使用情况。在选择和搭配好木材后，要根据含水率的要求，确定合理的加工余量，对木材进行锯制。本例中需要准备的插肩榫平头案零件尺寸规格见表 5-2。

表 5-2　插肩榫平头案零件尺寸规格

图号	零件名称	树种	零件数	净料规格（mm）			毛料规格（mm）		
				长度	宽度	厚度	长度	宽度	厚度
1	面心	榆木	1	816	274	12	836	279	17
2	左腿	榆木	4	794	55	28	814	60	35
3	右腿	榆木	4	794	55	28	814	60	35
4	正牙	榆木	2	872	50	18	892	55	23
5	侧牙	榆木	2	330	20	18	350	25	23
6	大边	榆木	2	920	60	30	940	65	35

续表

图号	零件名称	树种	零件数	净料规格（mm）		毛料规格（mm）		
				长度	宽度	厚度	长度	宽度	厚度
7	抹头	榆木	2	380	60	30	400	65	35
8	上枨	榆木	2	307	30	22	327	35	27
9	下枨	榆木	2	309	30	22	329	35	27
10	穿带	榆木	2	306	30	22	326	35	27
方料锯制	先将原木锯成 17mm、35mm、23mm、27mm 四种厚度的板材，再根据各零件宽度进行纵解，最后根据各零件长度进行横截，得到毛料								

5.2.3.3　净料加工艺

表 5-3 给出了插肩榫平头案传统生产净料加工工艺。

表 5-3　插肩榫平头案传统生产净料加工工艺

编号	零件名称	工步	工步内容	加工设备
1	面心	1	加工与大边和抹头连接的榫舌	立刨
		2	用燕尾刀加工与穿带连接的燕尾槽	手锣
2	腿	1	加工插肩榫的榫槽和与枨连接的榫眼	方眼机
		2	切榫肩以及腿底面的倾斜的轮廓	手拉锯
		3	铣出腿部外部轮廓	地锣
		4	加工腿部的阳线	吊锣
3	正牙	1	加工与大边连接用的栽榫的榫眼	方眼机
		2	铣出牙条的外部轮廓	地锣
		3	加工与腿部插肩榫连接的榫肩	吊锣
		4	用 V 形刀斜切端面，加工正牙与侧牙相交处的 45°角端面	地锣
		5	垫起 45 度后切出正牙与侧牙相交处插木销用的榫槽	地锣
4	侧牙	1	加工与大边连接用的榫眼和与抹头连接用的栽榫的榫眼	方眼机
		2	用 V 形刀斜切端面，加工正牙与侧牙相交处的 45°角端面	地锣
		3	垫起 45 度后，切出正牙与侧牙相交处用插木销的榫槽	地锣
5	大边	1	加工与穿带连接的直角榫榫眼和与正牙条连接用的栽榫的榫眼	方眼机
		2	加工与面心榫舌接合的榫槽	立刨
		3	加工与抹头连接的榫头	五碟锯
		4	铣大边的外部轮廓	地锣
6	抹头	1	加工与大边连接的榫眼	方眼机
		2	加工与面心榫舌连接的榫槽	立刨
		3	铣抹头的轮廓	地锣
7	枨	1	加工与腿连接的直角榫榫头	五碟锯
8	穿带	1	加工与大边接合的直角榫	五碟锯
		2	加工与面心板连接的燕尾榫	手锣机

5.2.3.4 漆饰工艺

中国传统家具的漆饰工艺非常讲究，主要表现木纹的自然美。传统的漆饰工艺十分复杂，是针对传统硬木的一种特殊的漆饰方法。就目前明清家具的生产现状而论，南北方硬木家具表面涂饰工艺仍是遵循着"南漆北蜡"的差异。在这里以烫蜡工艺为例。其一般工艺流程为，基材打磨—熔蜡调和—布蜡烘烤—起蜡净面—擦蜡抛光。

通过净料加工得到加工完成的家具零部件，进行组装之后，要先进行表面打磨、着色等基材打磨的过程，使表面更加光洁，家具整体色调更加统一。表面处理完成后，就要准备涂饰所用的蜡，将固态的蜡加热熔解进行纯化，然后用鬃刷蘸取适当的蜡，以点的方式将其分布在家具的外表面上，并用火源烧烤，使蜡进入到管孔。由于不可能恰到好处的布蜡，总会有余蜡残留在家具表面或是雕刻的根部，所以用蜡起子将这些余蜡清除干净，以获得均匀、适当厚度的蜡层。最后用棉布进行擦蜡抛光。

5.3 传统家具的数字化加工方法

5.3.1 数字化加工技术

5.3.1.1 数控机床

数控机床是用数字代码形式的信息，控制刀具按给定的工作程序、运动速度和轨迹进行自动加工的机床，简称数控机床。数控机床的工作原理是先将设计成的工件图纸的加工内容按工艺转变为代码，然后将代码输入数控系统，接着在软件和硬件协调配合下进行加工生产，最后得到工件。

数控机床主要由数控装置、伺服系统、位置检测单元、主轴控制单元、和机床主体四个部分组成。

5.3.1.2 CNC 设备

近几十年来，数控技术得到了飞速的发展，进入到软件数控（CNC）时代。家具CNC设备调刀快速，辅助加工时间短，可以在一台机床上实现开榫、打眼、铣轮廓等多种加工内容，并且具有精度高、效率高、范围宽的优点，可以实现设计与制造的即时化、并行化、网络化、数字化的三维立体化生产。CNC装置软件的工作内容和步骤是：程序代码—译码—刀具补偿—速度处理—插补—I/O处理—驱动。

5.3.2 数字化加工工艺

5.3.2.1 数字化加工工艺

选用数字化加工方式其实是选择了方便与快捷，必须对加工的零件进行工艺分析，选择适合进行数控加工的内容与工序。数字化加工是按设计好的程序进行，所以在进行数字化加工工艺设计的时候应该先确定工艺方案，再进行程序编制。

工艺流程：绘制 CAD 零件图及刀具路线—工序设计—编辑刀具路径—NC 代码—雕刻机加工。

工序设计：确定走刀路线—安排工步顺序—确定定位基准和装夹方式—选择夹具—选择刀具—确定对刀点和换刀点—确定加工用量。

5.3.2.2　插肩榫平头案的数控加工过程

下面以插肩榫平头案为例，针对净料加工过程，介绍数字化加工的工艺流程。

该插肩榫有 4 条腿，2 件正牙，2 件侧牙，2 件上枨，2 件下枨，2 件大边，2 个抹头，1 块面心，2 件穿带共 19 个零件。

在所有的零件中正牙条和腿的传统的加工方法最复杂见表 5-4，所以下面介绍正牙条和腿的数控加工过程，以便比较两种加工方式的区别。

表 5-4　右腿与正牙条的数控工艺卡

名称	数量	工步	工步内容		装夹方式	Z 向零点 (mm)	加工表面	定位基准	刀具名称	加工方式	加工深度 (mm)	分层走刀	切削速度 (mm/min)	NC名称
右腿	2	1	通槽		推	55	右面	背面	φ9.6 直刀	单线切割	29	58	2000	yt1
		2	通槽		推	55	左面	背面	φ9.6 直刀	单线切割	29	58	2000	yt2
		3	盘头打眼	盘头	压	28	背面	左面	φ6 直刀	单线切割	10	20	2000	yt3
				打眼							15	30		
		4	清底		推	28	正面	左面	φ30 清底刀	单线切割	1.5	3	2000	yt4
		5	断肩出榫		压	28	正面	左面	φ6 直刀	单线切割	10.1	21	2000	yt5
右腿	2	6	切轮廓		压	28	正面	左面	φ6 直刀	单线切割	28	56	2000	yt6
		7	切轮廓		压	28	正面	左面	φ6 直刀	单线切割	28	56	2000	yt7
正牙	2	1	盘头打眼	盘头	推	50	上面	背面	φ6 直刀	单线切割	21	42	2000	zy1
				打眼							11	22		
		2	切榫肩		压	18	正面	上面	φ9.6 直刀	区域加工	8.4	18	2000	zy2
										单线切割	18	36		
		3	切轮廓		压	18	正面	上面	φ9.6 直刀	插铣	18	4	2000	zy3
										单线切割		36		
		4	切轮廓		压	18	正面	上面	φ9.6 直刀	单线切割	18	36	2000	zy4

第一步用 CAD 绘制零件图（图 5-11、图 5-12）。

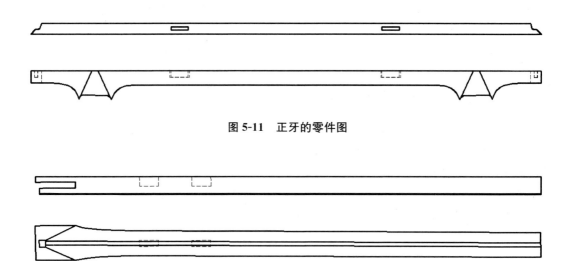

图 5-11　正牙的零件图

图 5-12　右腿的零件图

第二步用 CAD 绘制刀具路径。

根据需要加工的区域、刀具的大小以及加工的方式，在零件图的基础上绘制刀具路径（图 5-13、图 5-14）。

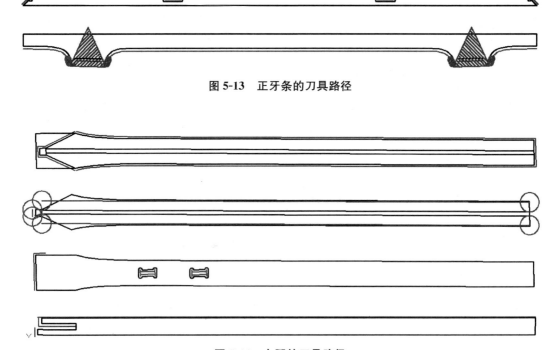

图 5-13　正牙条的刀具路径

图 5-14　右腿的刀具路径

第三步用 JDPaint 软件编辑刀具路径。

先选择好已经绘制好的刀具路径，然后根据情况选择合适的加工原点、加工方式，加工深度，刀具等内容（图 5-15～图 5-17）。

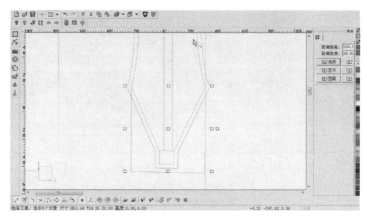

图 5-15　选择刀具路径

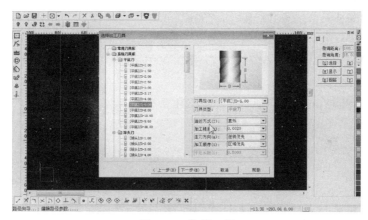

图 5-16　选择刀具

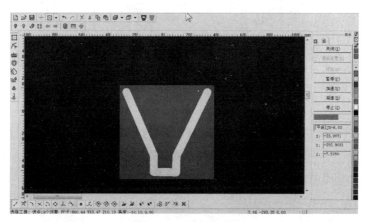

图 5-17　路径模拟

第四步用软件将刀具路径转换成机器可识别的 NC 代码。

下面为部分 NC 代码。

......

G54

G0 G90 G17

G00Z20.

T0 （JD—22.50）

G00Z20.

X—166.25Y365.

Z0.

G01Z—5.F1000

Y—365.F1500

G17

G03X—160.500Y—370.750Z—5.000I5.750J0.000K0.000

G01X160.5

G03X166.250Y—365.000I0.000J5.750K0.000

G01Y365.

G03X160.500Y370.750I—5.750J0.000K0.000F1500

G01X—160.5

G03X—166.250Y365.000I0.000J—5.750K0.000

G00Z20.

M05

M30

......

第五步调试机床与刀具并安装夹具（图 5-18～图 5-20）。

图 5-18　两种夹具

图 5-19　调试机床

图 5-20　调试刀具

第六步部件加工（图 5-21、图 5-22）。

图 5-21　切腿部轮廓

图 5-22　正牙条盘头

第七步组装（图 5-23）。

图 5-23　成品

5.3.2.3　高束腰三弯腿带托泥方几的数控加工过程

其加工过程与插肩榫加工过程类似，也是经历了绘制 CAD 零件图及刀具路线—工序设计—编辑刀具路径—NC 代码—雕刻机加工整个过程。表 5-5 中给出了高束腰三弯腿带托泥方几各零部件的加工参数。

表 5-5　高束腰三弯腿带托泥方几牙板托腮加工工序

工序	图号	刀具	工位	加工面	工步
1	1—a	直刀 φ6	反卧	外	定位孔
					榫
2	1—b		正卧	内	束腰裁口
					穿带槽
	1—c			内	格角粗分层
					榫
3	1—d	燕尾刀			剔燕尾
4		穿带刀			穿销槽
5		V 型刀		内	格肩
6					倒棱
7	1—e	直刀 φ6	浮雕	外	托腮粗分层
8		锥度平底			浮雕
9		直刀 φ6			轮廓切割

表 5-6　高束腰三弯腿带托泥方几腿加工工序

工序	图号	刀具	工位	加工面	工步
1	2—a	直刀 φ6	正	4 面	定位槽
2			正	内右	轮廓、清底、榫眼
3	2—b		反	内左	
4	2—c		正	外左	轮廓、清底
5	2—d		反	外右	
6	2—a	直刀 φ3	正	内右	榫眼补加工
7	2—b		反	内左	
8	2—c	燕尾刀	正	外左	剔燕尾
9	2—d		反	外右	
10	2—a	锥度平底尖刀	正	内右	斜坡
11	2—b		反	内左	
12	2—c		正	外左	浮雕
13	2—d		反	外右	

表 5-7　高束腰三弯腿带托泥方几托泥加工工序

工序	图号	刀具	工位	加工面	工步
1	3—a	直刀 φ6	正	上	定位孔、榫
2	3—b		反	下	榫

表5-8 高束腰三弯腿带托泥方几边抹加工工序

1	4—a	直刀 φ3	立	边内	槽、榫眼、定位
2				抹内	槽、定位槽
3	4—b		正	边抹下	腿榫眼、穿销眼
4	4—c	直刀 φ6	反	边上	格角
5				抹上	
6	4—d		正	边抹下	槽
7	4—e			边下	榫
8	4—f			抹下	榫
9	4—g	燕尾刀		边下	燕尾、清底
10		锥度平底	立	边抹外	冰盘沿

表5-9 高束腰三弯腿带托泥方几穿带加工工序

工序	图号	刀具	工位	加工面	工步
1	5—a	直刀 φ3	反	下	榫、定位孔
2			正	上	榫
3		穿带刀		上	榫、燕尾

零件名称		穿销			
工序	图号	刀具	工位	加工面	工步
1	6—a	直刀 φ6	正	上	定位孔、榫
2		穿带刀	正	上	燕尾

表5-10 高束腰三弯腿带托泥方几穿销加工工序

工序	图号	刀具	工位	加工面	工步
1	6—a	直刀 φ6	正	上	定位孔、榫
2		穿带刀	正	上	燕尾

表5-11 高束腰三弯腿带托泥方几束腰板加工工序

工序	图号	刀具	工位	加工面	工步
1	7—a	直刀 φ6	正	内	定位孔、穿销槽
2		燕尾刀			燕尾
3	7—b	锥度平底		外	起线
4	7—c	直刀 φ6			切割、盘头

表 5-12　高束腰三弯腿带托泥方几面心板加工工序

工序	图号	刀具	工位	加工面	工步
1		直刀 $\phi6$	立	上	裁端
2					裁边
3	8-a			下	穿带槽
4		穿带刀			燕尾

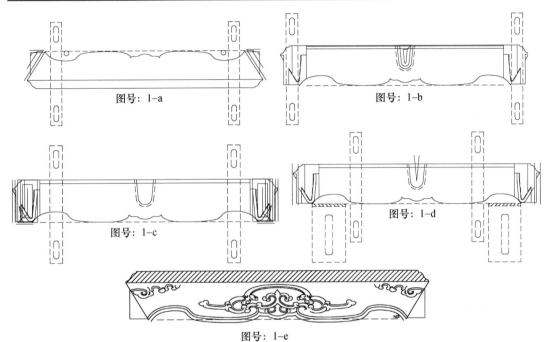

图号：1-a

图号：1-b

图号：1-c

图号：1-d

图号：1-e

（a）牙板托腮

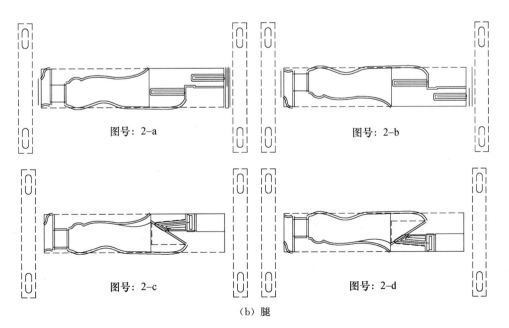

图号：2-a

图号：2-b

图号：2-c

图号：2-d

（b）腿

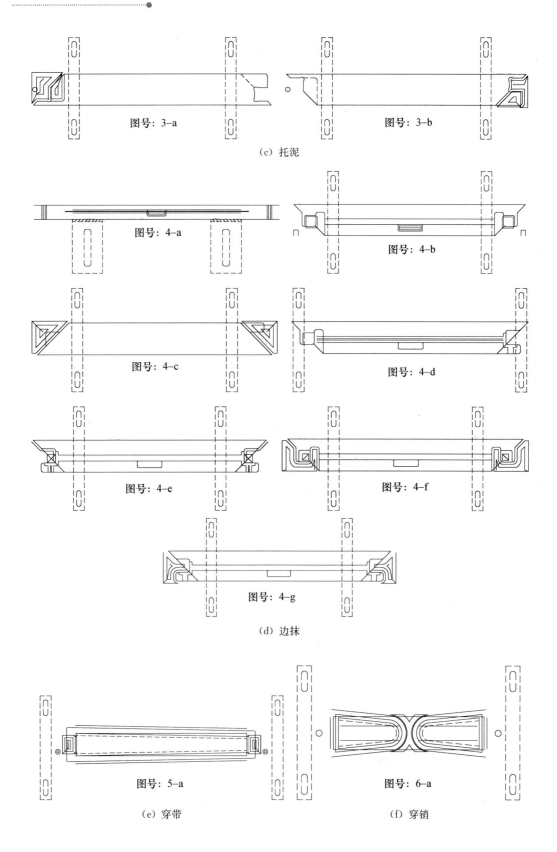

图号：3-a

图号：3-b

（c）托泥

图号：4-a

图号：4-b

图号：4-c

图号：4-d

图号：4-e

图号：4-f

图号：4-g

（d）边抹

图号：5-a

图号：6-a

（e）穿带

（f）穿销

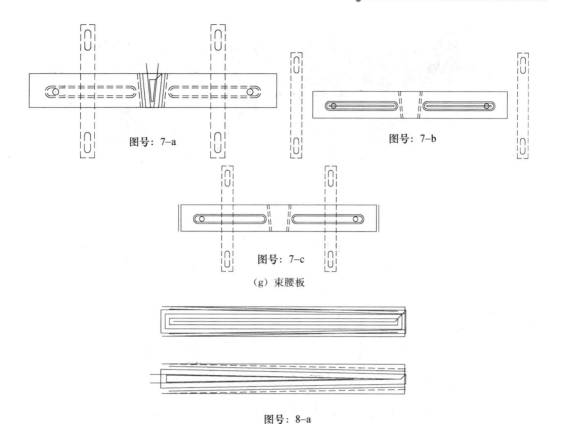

图号：7–a

图号：7–b

图号：7–c

（g）束腰板

图号：8–a

（h）面心板

图 5-24　高束腰三弯腿带托泥方几零件图、加工路径及安装位置图

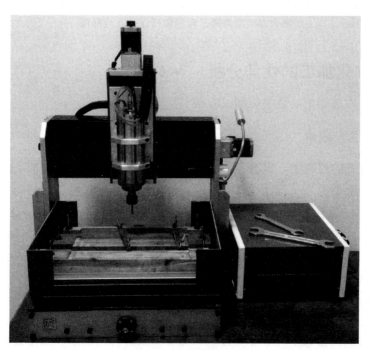

图 5-25　加工机械及夹具

图 5-26　高束腰三弯腿带托泥方几成品图

5.3.3　数字化加工的优势分析

与传统加工方法相比，数字化加工有如下优势。

5.3.3.1　降低生产成本

传统加工方式的过程中，需要有经验的木工师傅操作，而数字化加工的过程中只需工程师将待加工零部件的加工程序做好，并写入设备中，调试好设备，只需普通工人取放及装夹零部件即可。据了解一名有经验的木工师傅的日薪在 300～600 元，而普通工人的日薪在 70～150 元。采用数字化加工方式，工厂在工人工资成本这方面可以缩减为原来的 30％左右，大大的降低了生产成本。同时用普通工人代替有经验的木工还可以解决目前木工工人难招的问题。

5.3.3.2　提高生产效率

假如用传统加工方式单纯加工 1 件家具需要 2 天的时间，生产效率会随着工厂一次加工的数量有所提高，大约可以达到 1 天 1 件的生产速度。而数字化的加工方式 1 天可以加工 2～3 件家具，是传统加工方式的 2～3 倍，大大缩减生产时间，提高了生产效率。

5.3.3.3　提高设备负荷率

传统的加工方式中需要用到很多加工设备，如五碟锯、方眼机、细木工带锯机、地锣、吊锣、立刨等。每一个设备都需要进行刀具的调整、工件的装夹，这样就会产生大量的辅助生产时间，设备负荷率低。而数字化加工方式，只需要一台机床就可完成净料加工的所有步骤。采用分区域流水线作业方式，让设备的负荷率大大增加，可以达到 90％以上。

5.3.3.4　优化人机关系

传统加工方式中是人指挥机器，机器根据工人的操作进行加工。而数字化加工过程中，是机器指挥人，人根据机器的指令进行操作。

5.3.3.5　提高生产过程的安全性

在传统的加工方式中，需要工人直接用手推送工件，工人不可避免地需要与刀具近距离接触。操作人员在推送工件时要通过锋利的高速旋转的刀具，这样就存在很大的安全隐患，很容易发生事故。而数字化加工方式中采用分区域流水线作业，工人的装夹区域与机器加工区域分开，可以提高生产过程的安全性，减少安全事故的发生。

5.3.3.6　提高产品精度

传统方式的生产过程都是工人的主观判断，加上每名工人的参照标准很难完全一样，所以加工过程中会造成很大的误差。而数字化加工方式的整个加工过程是在客观的指令下完成的，同时采用了更先进的数控刀具和装夹工具，使得加工误差小，提高产品的精度。

5.3.3.7　优化车间管理

采用数字化加工的生产方式，可以保证每个工步的工时都是一定的，每个工步的内容都准确的，这样可以很好的控制生产时间，让整个生产过程的可控性提高，便于车间管理，同时也可以作出更合适的生产计划。

第6章 家具数字化加工过程中 生产工艺的改善

对于企业来说，如果不产生利润就不能够永续经营，如果直接以制造成本的价格销售产品，就不能进行设备投资，也不能满足工资上涨的要求。在销售产品时，必须在总成本上加上利润，这就是销售价格。所以，提高利润的方式有以下3种：①提高销售价格；②多产多卖（量产效果）；③降低成本（降低制造成本）。不过，若是竞争激烈的产品，是很难提高其销售价格的，并且，在现在这个物质丰富的时代，对于多产多卖也不能抱有太大期望。那么，剩下的一条途径就是降低成本。

通常来说，企业在降低成本时，都考虑降低制造成本。其中，制造成本包含材料费、劳务费、设备费等，材料费包括用于生产产品而购买的主要原料、辅料和外协外购零部件等费用，劳务费包括用于工人的工资、福利等费用。

对于现有的很多家具企业，成本意识较弱，他们通常认为，利润是希望得到的收入加在成本上的金额，并且销售价格由企业决定，在这样的情况下，将出现下面的情况，如果与竞争企业的销售价格保持一致，而成本比竞争企业高，就会蒙受损失；如果将销售价格设定为能够产生利润的价格，就会因成本较高而使产品滞销。

对于一些先进的企业，如丰田等先进的汽车制造企业，他们认为，成本必须在客户所期望的销售价格以下，为了创出高收益，必须依靠人的智慧来降低成本。销售价格由顾客决定，如果自己公司有比其他公司质量好、价格便宜的产品，其价格将会成为销售价格的基准。利润是消除浪费，在销售价格中降低成本的结果。也就是说，利润是销售价格与成本销售价格之差。

很显然，这种"从销售价格中减去成本就是利润，销售价格由顾客决定"的思想更能使企业健康发展，这种情况下，如果要产生利润，就必须把成本降到销售价格以下，如果期望得到更多的利润，就必须改进生产工艺，降低成本，减少浪费。

6.1 生产过程中的浪费

6.1.1 浪费的种类

对于家具制造企业来说，要想降低成本，获得更多的利润就必须彻底消除浪费。对于一切不产生附加价值的作业都可以称为浪费，生产过程中的浪费可大致分为以下几种。

6.1.1.1 生产过剩的浪费

在家具制造过程中，一心想要多销售而大量生产产品，结果在人员、设备、原材料方面都产生浪费，在没有需求的时候提前生产而产生浪费。在依靠量产追求利润的时代，似乎很多企业都把生产过剩不太当一回事，而在现在这种"零库存"家具定制时代，很显然，生产过剩是一种很严重的浪费。过剩生产会过多地使用人、物和资金，并且有可能造成库存费用和产品的浪费。

现在大多情况下都是依照以往的经验，在头脑中计算成品率来制订生产计划。在计划变更和成品率变动频繁、库存精度不合理时，一切都要依靠制订计划的人为力量。但他们都是把重点放在如何避免生产能力不足上，有时候会引起生产过剩，虽说当计划的一天的生产量完成以后，就可以不再生产了，但是在工作场所却很难做到。大家都认为每个人的工作量应该取得平衡，于是早完工的人一定会用多余的时间继续生产超出计划部分的产品或多余的零部件等，做一些表面作业。

6.1.1.2　制造不良品的浪费

在生产过程中出现废品、次品，会在原材料、零部件、返修所需工时数、生产这些不合格产品所消耗的资源方面产生浪费。

6.1.1.3　停工等活的浪费

在进行家具加工时，机器发生故障不能正常作业，或因缺乏待加工零部件而停工等活等，在这样的状态下所产生的浪费都是停工等活的浪费。

6.1.1.4　动作上的浪费

不产生附加价值的动作、不合理的作业、效率不高的、难受的姿势和动作都看作动作浪费。比如在很多情况下，操作人员每次都必须以费劲的姿势弯腰去取放地面上的毛料，这就属于动作浪费，这时如果通过一定的改善，将待加工的毛料放置在伸手可及的台面上，操作人员就能轻松、快速取到待加工零部件，而避免动作上的浪费。

6.1.1.5　搬运的浪费

除去准时化生产所必需的搬运，其他任何搬运都是一种浪费。比如在不同仓库间移动、转运、长距离运输、运输次数过多等。以工序为分析单位来看浪费，可以把工序分为零部件加工、搬运、检查、停滞、存放，不产生附加价值的工序都是浪费的工序。在家具生产过程中，产生附加价值的工序只有加工和检查。在搬运、停滞、存放阶段，无论怎样努力都不会产生附加价值。如果极端一点说，检查也不会产生附加价值。

基于在需要的时候，按照需要的数量，以最低的成本供给需要的原料这一思想，少量搬运成为基本原则。少量搬运必须每次都按需求的数量进行搬运。但是，在距离较远的时候，如果实行少量搬运，搬运成本就会增加，这样做并不经济，并且，如果产生了不合格产品和欠缺品，会给生产造成很大的麻烦，作业人员必须在节拍时间内完成单件产品的生产，但是，如果连接件或其他用品等不够时，产生了没有被纳入标准作业的作业，作业人员一个一个地跑去取所需要的东西，这样要做到按节拍时间工作就很困难。此时，有效率的做法就是配置进行搬运作业的人。

6.1.1.6　加工本身的浪费

把与产品加工进度和产品质量没有任何关系的加工当作是必要的加工而进行操作，此种状况下所产生的浪费就属于加工本身的浪费。极端地说，除生产出合格产品以外，其他任何时候都可以叫做浪费。在很多情况下，会遇到反复修正产品等状况，之所以要对产品进行修正是因为从过去到现在一直都在实施，所以只是习惯性地、毫无疑问地去做，每次花费的时间虽然比较少，但是合计起来，就会产生很大的浪费。

有的企业不假思索地任意推行机械化、自动化，虽然机械设备确实很方便，但成本较高。如果不能够充分地灵活使用这些机械设备，反而会产生更高的费用。如果在需要机械设备时，能够随时让它以良好的状态运转，建立能够使机械设备的可运转率达到100％的体制，设备的投入是值得的。但是，有时候在再次使用设备的时候，因为发生了异常停止和机械故障，就不能按照计划进行生产。这样，为了使机械设备维持良好的状态，就需要技术熟练的维修人员和平时对设备的维修保养。

6.1.1.7　库存的浪费

因为原材料、零部件、各道工序的半成品过多而产生的浪费都是库存浪费。这些东西过度积压还会引起库存管理费用的增加，比如当某一零部件加工过程中产生了一定的余料，大部分企业都会将其运入库房，以便下次使用，但是对于大多数情况下，库存管理带来的费用往往大于材料本身的费用。

6.1.1.8　排除检查的浪费

如果不产生不合格产品，就不需要进行检查。但是，无论在哪个企业进行检查时，都会发现不合格产品，一般来说，都可以把检查分为以下几类：①选别检查，判断产品是否合格，找出不合格产品。②信息检查，迅速把产品质量信息传达给相关部门，减少不合格产品。③源流检查，找出产生不合格产品的原因，并且当场予以解决。信息检查是一种反馈信息的方法，传达信息最快的方法就是自主检查，即制造产品的人亲自进行检查。由于是制造产品的人在进行检查，所以可以从第一批产品中就发现作业上的缺陷，进而在第二次作业时加以改正。仅慢于信息检查的方法是下一道工序检查，即下一道工序的作业人员实施检查后，将检查结果传达给前道工序。根据结果采取行动多少会有些不足，不过，如果制造条件不能适应原材料产品质量的频繁变动，就会产生不合格产品，这样会给检查带来很大麻烦，这种情况下，就要对原材料产品彻底实施收货检查，切记尽量让原材料产品的质量统一。

像上面这样，就不是通过结果来判断，而是把目标指向原因，抑制在原因阶段产生的错误，这就是"源流检查"。另外，如果检查场与生产线脱离，就很难实现作业的同期化，从而产生移动、等待的浪费。必须把检查也纳入生产线中，想办法尽可能把检测控制在前道工序进行（图6-1）。

6.1.2　消除浪费的方法

6.1.2.1　消除浪费的基本思想

1）作业的种类

即使明白了消除浪费很重要，但如果不培养发现浪费的眼光和思考方法，也不能发现

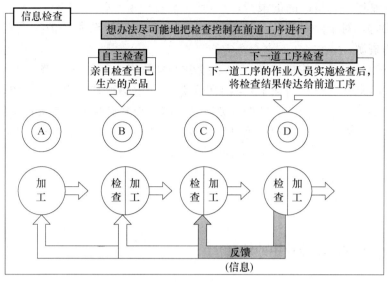

图 6-1 工序检查

浪费。不能发现浪费是因为看问题时比较粗心大意,所以如果学会了仔细观察事物的技术,就能渐渐地发现浪费。作为清除浪费的基本思路,可以把作业分为浪费作业、纯作业、附加作业。

（1）浪费作业

只使成本增加而不产生附加价值的作业,是最先需要改善的地方。比如停工等活、搬运东西、寻找工具等。即使是大汗淋漓地搬运了东西,也只是白费力气做了无用功。

（2）纯作业

是指诸如加工和组装家具等能够产生附加价值的作业。

（3）附加作业

是指更换作业程序,如调试设备和更换刀具等不产生附加价值但又必须伴随着纯作业一起实施的作业。我们必须努力做到使更换作业程序的时间无限缩短。

2）发现浪费的方法

（1）把企业当成家庭一样来考虑、行动。对于大多数家具企业,即使是在家庭里细心管理水、电、煤气,生怕会浪费的人,在企业有时也会放纵地使用水、电、煤气。所以,对于企业的管理意识应该与家庭一样。

（2）细心地分析现状,就能找出原因。不能发现浪费是因为看东西时疏忽大意,需要培养比现在细心 1～2 倍的看问题的习惯。

（3）学会解决问题的方法。方法是解决问题的工具,作为改善的工具,必须学会QC、IE、VA/WE 手法。

6.1.2.2 消除浪费的步骤

（1）步骤①,在需要的时候适时生产需要的产品可以排除生产过剩的浪费,这需要具备严格管理的思想。

（2）步骤②,如果经常产生不合格产品,抑制生产过剩是很困难的。我们要消除不合格产品，消除制造不合格产品的浪费。

（3）步骤③，对于停工等活，只要明白其要点就很容易改善。消除停工等活的浪费，有效利用人力资源。

（4）步骤④，对于动作的浪费，如果减少工时数将会对消除浪费产生很大影响。但是，即使是进行动作分析，清除了一些细小的浪费，也会被其他的问题所掩盖。

（5）步骤⑤，要消除搬运的浪费，就要在搬运距离和搬运次数等方面加以改进。

（6）步骤⑥，对于加工过程中本身的浪费，要认识到不产生附加价值的一切东西都是浪费。

（7）步骤⑦，如果按照①～⑥步骤操作，库存必然会减少。虽然这些问题堆积如山，但是如果追求库存为零将会产生许多问题。根据企业的水平，最好在最后阶段消除库存的浪费。

6.1.2.3 如何发现流水作业中的浪费

所谓流水作业方式就是指把一个作业分成好几个部分，让几个人共同分担完成，使每个作业人员都能熟练作业，以求实现生产的效率化的生产方式。以流水作业方式进行生产的时候，事先要掌握的就是生产线平衡的思想原则。因为是把一个工作分割给几个人，所以需要分析各个作业人员的作业，确定合理的作业顺序和作业时间，尽量使作业时家具能够以一定的速度流通。

生产线平衡是指构成生产线的各道工序所需的时间处于平衡状态，尽可能地与负责各道工序的作业人员的作业时间保持一致，从而消除各道工序之间的时间浪费。如果生产线不平衡，从上一个工序流转来的半成品停滞在下一个工序，在后面几个工序就会出现停工等待。这样，第一个工序的作业人员就会手忙脚乱，负荷不断加重，疲劳感也会变得沉重，作业时极易发生错误。相反，在后面工序的作业人员因为时间很充裕，就认为停工等待会影响到其他的作业人员，于是就做了表面作业，生产出多余的产品。作业人员最清楚轻松和繁忙的工序，工序间的差异越大，作业人员之间就会积蓄越多的不满。所以，各道工序应该均衡地分担作业量。表6-1给出了生产过程中浪费的种类、原因及对策。

表6-1 浪费的种类、原因及对策

浪费	内容	原因	对策
生产过剩的浪费	生产过多；生产过早；妨碍生产流程；成品库存、半成品库存增加；资金周转率低下	与顾客交流不充分；依赖个人经验和思维方式制定的生产计划；人员过剩；设备过剩；大批量生产；生产负荷变动；在生产过程中产生问题（如产生不合格产品、发生机械故障等）；生产速度提高	与顾客充分沟通；生产计划标准化；均衡化生产；一个流程；小批量生产；灵活运用看板管理技术组织生产；快速化更换作业程序；引进生产节拍
制造不良品的浪费	原材料的浪费；检查的浪费；用户索赔而引起的企业信用低下；库存增加；再生产的浪费	对于可能产生不合格产品的意识薄弱；在生产过程中不注重产品质量；监察中心的管理标准不完善；教育训练体制不健全、顾客对于产品质量要求过多、缺乏标准作业管理。	产品质量是在工序中创造的；坚持贯彻自动化、现场、现货、现实的原则；制定培养相关意识的对策；通过不断问为什么的对策，防止问题再次发生；引进预防错误的措施；确立产品质量保证体系；使改善活动与质量体系有效融合

浪费	内容	原因	对策
停工等活的浪费	在反复作业的过程中,标准作业管理不善;表面作业;停工等活;机器设备、人员等有富余	生产工序流程不合理;前道工序和后道工序产生了问题;停工等活、等料加工;表面作业;设备配置不合理;在生产过程中的作业能力不平衡;大批量生产	引进均衡化生产、生产节拍的概念;努力使生产工序流程合理化,发现浪费;U 字型配置;快速更换作业程序;再分配作业;禁止停工等活时的补偿作业;生产线平衡分析;安装能够自动检测到异常状况并且自动通知到异常状况的设备
动作上的浪费	不产生附加价值的动作;不遵守经济动作原则的动作	机器人与人的作业不明确;毫无意识地实施了不产生附加价值的动作;生产布局不合理;教育训练不充分	生产工序流程化;U 字型设备配置;教育和训练经济动作原则,并且坚持贯彻这一原则;善于发现和消除表面作业;活用标准作业组合表;根据是否会产生附加价值研究相应对策
搬运的浪费	在不同的仓库间移动产品和转运;空车搬运;搬运的产品有瑕疵;空间的浪费使用;搬运距离和搬运次数;增加搬运设备	欠缺"搬运和寻找不是工作"这一概念;生产布局不合理;与生产顺序组合时,研究商讨不足	培养不要搬运的观念;确定最佳搬运次数;U 字型设备配置;小容量化;活用各种搬运方式(敌虫搬运方式等);成套搬运零件
加工本身的无效劳动和浪费	为不必要的工序和不需要的作业增加人员和工时数;生产性低下;次品增加;按照过去的习惯操作,不加以改善	生产工序设计不合理;作业内容分析不足;对人和机器功能的分析不完全;处理异常停止的对策不完善;夹具工具不完善;标准化体制不完善;员工技术不熟练;缺乏原材料	改进以往习惯操作方式;解决现场主义问题;研讨检查方法;使生产工序设计合理化;运用夹具工具;人工智能化(引进机器人);生产自动化;贯彻标准作业;研讨原材料对策;完善设备故障经验处理方案
库存的浪费	成品、半成品库存积压;库存管理费用(仓库和搬运设备的折旧费、维修费、搬运费、税金、保险费、投资利息、损耗费、老化费等);产生库存是掩饰过多问题的结果	均衡化生产体制不健全;多准备些库存是交货期管理(出货管理)所必需的意识;设备配置不合理;大批量生产;提前生产;在等活时产生的富余生产人员	与顾客充分沟通;培养针对库存的意识(只生产能销售的产品);生产工序流程化;贯彻看板体制;将物品和信息一并送;使生产工序中的问题无限接近为零

6.2　生产线的改善

6.2.1　生产效率

效率是评价生产活动有效性的尺度。效率的表现方式有很多种,人的效率可以通过"生产数÷人数"表示。一般要提高效率,可以通过增加机器的台数和人数来增加作为分子的生产数量。

比如,10 个人在生产 100 个某种产品时,我们要将其生产效率提高 20%,有两种方法可以考虑。第一种方法比较容易,即通过增加机器台数和人数来提高效率。另一种方法是通过减少人数改善生产方式,从而提高效率。由于顾客需要的产品数量为 100 个,提高效率生产 100 个以上的产品就会造成不必要的浪费,即使提高计算上的效率,可只是增加了与销售无关的生产量,这可以看作是一种表面效率。另一方面,如果用 8 个人就能生产100 个这样的产品,显然,效率提高了 20%。用现有的 8 个人和设备生产出原本 10 个人才做出来的产品数量,实际上是降低了成本,这才叫做真正的效率。相反,如果用 10 个人生产 120 个产品，表面上效率提高了 20%，但是，顾客所需要的产品数量为 100 个，所以有 20 个是多余的，是生产过剩的浪费，从而将衍生为库存的浪费。因为增产了 20%，在生产时间上作了改善，成本降低了，但是生产过剩的产品在搬运和库存方面花费了比成本减少部分更多的费用。

在经济高度增长和销售不断增长的时期，在成长的光芒下很难发现浪费，从现状来看，任何一个企业都没有富余产品。引起这种生产过剩的浪费的原因之一就是无视顾客需求数量，任意提高生产数量的表面效率。表面效率的提高会引起生产过剩的浪费，结果只是增加了库存。在数字化加工的现在，这种提高表面效率应该杜绝。

6.2.2 提高生产效率的方法

6.2.2.1 生产线的研究

IE（Industrial Engineering）是以泰勒的时间研究和吉尔布雷斯夫妇的动作研究为起源而发展至今的，并且两者并行发展、互相融合，逐渐被系统化，形成了作业研究。在系统化的过程中，IE 技术的适用范围变得非常广泛。

IE 由如图 6-2 所示的方法研究（调查并分析工序和作业方法、步骤，并对其进行改善）和作业测定（测定作业必需的时间，排除无效时间，设定标准时间）这两方面构成。其中，方法研究是分析有 3MU〔Muri（超负荷的人员或设备）、Muda（浪费）、Mura（不均衡）〕的工序、作业以及动作，创造经济安全轻松的作业方法，"动作经济原则"是其主要的着眼点。作业测定是以时间为尺度将作业系统和构成要素的工作数值化，以改善和维持为目标。大致分为连续时间分析法和 W·S 工作抽样（Work Sampling）法。为了便于理解，就像产品的检查包括

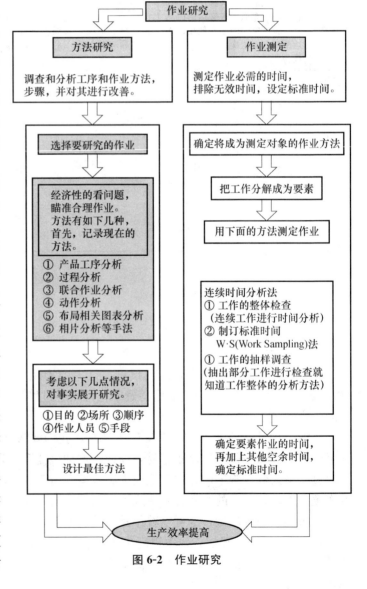

图 6-2 作业研究

整体检查和抽样检查一样，可以把工作的整体检查看作连续时间分析法，把工作的抽样检查看作 W·S 法。

6.2.2.2　工序分析

在作业方法的研究中，首先必须进行的就是工序分析。通过工序分析，调查原材料从被加工到变为成品的过程，制订产品工序分析表。工序分析可以分为加工、搬运、检查、停滞 4 个部分。

1）加工

指用一定的设备使原材料（实木或板材等）的形状变化成所需家具零部件以及家具组装过程。

2）搬运

指使家具零部件及相关物件移动，大致可分为机械搬运和人工搬运。

3）检查

用成品与基准进行比较，大致可分为数量的检查和质量的检查。

4）停滞

是指原材料和零部件没有经过加工、搬运和检查就被一直放置的状态。大致可分为停滞（各道工序间的临时等待）和储藏（被指定保存）。缩短停滞期有利于缩短生产周期。

通过工序分析，就可以明确工作场所的实际情况（图 6-3）。比如，把本来应该一次就能完成搬运的物品分为好几个地方装卸，反复进行搬运时，通过分析，就能够清楚地发现浪费，有利于布局设计和减少搬运（次数和距离）。通过前道工序提供的数量和后道工序领取的数量的差把握生产量，就能知晓半成品的数量和半成品存放的时间，有利于减少半成品的数量。把上述分析的 4 道工序分别附上时间，就会清楚不能产生附加价值的工序所占的比例，就容易锁定作为问题工序要改善的目标。

项目	记号	改善的关键点	
加工或作业	○	·简化加工方法	·缩短加工时间
		·调节加工数量	·增加加工比例
搬运或移动	□	·减少搬运工序	·减少搬运工时数
		·缩短搬运距离	·改善作业布局
		·减少搬运次数	
检查	数量检查 （调查检查）■	·减少检查工时数	
		·明确检查目的	
	质量检查 （检查质量）◇	·研讨检查环境和检查时间	
		·简化检查方法	
		·研究是否是表面作业	
停滞或等待	停滞（各道工序间的临时等待）◎	·减少停滞时间	·减少停滞工序
		·改善储藏方法	·减少储藏空间
	储藏（被指定保存）△	·减少半成品	

图 6-3　工序分析

6.2.2.3 动作分析

现场作业过程中，习惯的人比不习惯的人工作速度要快好几倍，而且能够正确、轻松地灵活作业。因此，动作分析就是系统性地研究有无不合理、有无浪费、有无不均衡的作业方法和步骤，使不习惯作业方式的人也能够有效地作业，如果把作业内容分解成细小的动作，就会形成要素动作，这是分析作业时最小的单位。由吉尔布雷斯所提出"要素动作"（基本要素）的内容见表 6-2，其中第 2 类、第 3 类的要素动作有待排除。

表 6-2　改善要素动作

第 1 类	第 2 类	第 3 类
是要素动作中有用的东西，作业是必需的。可以通过缩短时间来进行改善。	容易使第 1 类作业变慢的要素动作。需要努力排除。	不产生附加价值的要素动作。
伸手（空手）；搬运；抓取；定位（确定位置）；拆卸；放手；确认（检查）；使用；组装	改变方向；准备；寻找；选择；思考；均衡失调	保持；可以避免的延误；不可避免的延误；通过排除属于第 3 类的要素动作，会得很好的效果。

6.2.2.4 减少动作数量

改善不仅是改善人的动作，还包含零部件、夹具、机械等的放置方式和布局，必须找出一种能够使人有效率地、经济地、安全轻松地作业的方法。动作经济原则是吉尔布雷斯从经验中总结出来的"尽量使人以最小限度的疲劳创造最高的效率，从而实现最有效的作业动作的方法"，之后的动作研究者又将其内容进行进一步的补充。

动作经济原则包含如下 4 个基本原则：①减少动作数量。②同时使用身体的各个部位。③缩短动作距离。④尽量使动作轻松舒适。

可以将上述的各项基本原则进一步分为如下的几项原则：

① 动作方法原则（关于人体使用的动作经济）。

② 作业环境原则（关于作业配置的动作经济）。

③ 模具、机械原则（关于工具和机械设计的动作经济）。

表 6-3　动作经济原则 I

基本原则	减少动作原则 不要进行不必要的"寻找"、"搬运"、"选择"、"准备"。	同时使用身体的各个部位 消除一只手的"等待"、"保持"，有可能的话要活用脚，做到手脚并用。
（1）动作方法原则	①消除不必要的动作 ②减少必要动作 ③组合两个以上的动作 ④减少眼睛的转动	①两手同时开始，同时结束 ②两手同时反方向或同方向运动

续表

基本原则	减少动作原则 不要进行不必要的"寻找"、"搬运"、"选择"、"准备"。	同时使用身体的各个部位 消除一只手的"等待"、"保持"，有可能的话要活用脚，做到手脚并用。
（2）作用 环境原则	①材料和工具放在作业人员前方的合适位置（不需要寻找的动作） ②材料和工具按照作业的顺序放置（不需要寻找等动作） ③材料和工具要保持能够使作业顺利流动的状态	设计成能够同时使用两手的配置 A、B、C 是零件箱
（3）模具、 机制原则	①利用和创造便于取放材料和零件的容器和工具 ②在使用夹具工具紧固零件时，利用和创造花费动作数量少的夹具工具 ③把两个以上的工具组合成一个 ④尽可能地一次就能进行机械操作	①长时间保持某一对象的时候，利用和创造保持的工具 ②在进行简单的做和需要力气的作业时，要利用和创造使用脚的工具 ③利用和创造两手能够同时动作的夹具工具

　　减少动作数量的着眼点就是要排除在要素动作改善的目标中说明的第 2 类和第 3 类动作。为了减少动作数量，必须注意：（1）同时使用身体各个部位。仔细观察一下作业，经常都是一只手在进行操作，另一只手很多时候都是处于完全闲置的状态或者只是作为辅助工具在使用。要尽量做到两只手的动作同时开始、同时结束，不要使两只手空闲。如果做到手脚并用，作业会变得更加轻松和快捷。（2）缩短动作距离。寻找动作中需要时间的要素动作，并缩短动作时间。作为缩短动作时间的着眼点，可以考虑以下内容：①排除步行。②手腕的移动在正常的作业范围。③排除身体的弯曲和站立。④排除身体的转动（横向、向后）。根据以上内容，要尽可能地把材料和工具放在离作业位置近的地方，在正常的作业范围内进行作业，想办法缩短作业时间。（3）尽量使动作轻松舒适。对于姿势不合理的作业和重物的搬运等，要考虑轻松、省力的工作方法，并且作业台的高度要适合作业人员的身高，进行照明的勒克斯管理。在持续工作的场合，必须想办法维持工作精神状态，不要因疲劳而使工作效率和精确度降低。同时，还需要考虑处理噪声、振动、粉尘、气味等的策略，改善工作环境。

表 6-4　动作经济原则 Ⅱ

基本原则	缩短动作距离 减少不必要的大幅度动作	同时使动作轻松舒适 消除需要很费力气的姿势和动作
（1）动作 方法原则	①使用最合适的身体部位（有效率的适用范围）动作 ②在最短距离范围内进行作业，不要超过最大作业范围	①尽量毫无限制（调整、注意）地轻松动作 ②合理利用重力、惯性力、排斥力、磁力等自然力进行动作 ③尽量使动作的方向和动作的变换毫无障碍
（2）作业 环境原则	①尽量可能地缩小作业范围 ②材料和工具放在离作业地方近的地方	①作业台的高度要适合作业人员 ②充分注意照明、噪音、振动、粉尘、气味

基本原则	缩短动作距离 减少不必要的大幅度动作	同时使动作轻松舒适 消除需要很费力气的姿势和动作
（3）模具、 机械原则	①利用重力（倾斜面）和机械动力（排出装置）进行取料送料 ②尽量在动作起来最舒适的位置（正常作业范围等）操作机械 最大作业范围　　　正常作业范围	①确定位置时要考虑到工具和夹具的利用 ②工具要轻并且容易抓取 ③制造不需要调整的夹具 ④操作方向与机械移动的方向要保持一致 ⑤引进自动装置和人工智能装置 ⑥尽量能够在可以看见的位置以轻松的姿势作业

6.2.2.5 生产线平衡

1. 生产线平衡分析方法

1）生产线平衡分析的目的

（1）把握各道工序所需的时间，客观地抓住整个工序的时间均衡化的程度。

（2）找出作业时间最长的问题（瓶颈）工序。

2）生产线平衡分析表的制作步骤

（1）制作如表 6-5 所示的图表。

（2）在横轴上标明工序名称，在纵轴上标明作业时间。

（3）在各道工序的下面填上作业人员、各道工序所花费的纯作业时间以及其他重要事项。

（4）在纵轴上标明时间值，以在工序中花费的作业时间最长的工序为标准，制订时间刻度。

（5）在各道工序上记录其所需要的时间，做成柱形图。

（6）在作业时间最长的工序的柱形图上横着画一条长线。

（7）给产出速度（pitch time）（表示生产线的速度，生产一个产品的时间）标上时间的刻度，在其上横着画一条长线。

（8）在上述⑥和⑦画的横线之间和柱形图之间画上斜线。

改善后的生产线平衡代表作业实力的现状。作为现状的理想状态，能够以最快的作业速度完成产品的制作时间，与生产节拍不同。但是，要想清除生产线上的浪费，就必须了解生产线平衡这一基本思想（图 6-4）。

表 6-5　分析生产线平衡的用途

①	提高作业人员和设备的工作率的场合。
②	减少各道工序间的半成品的场合。
③	缩短 1 个产品的生产时间的场合。
④	新采用流水作业方式，建立生产线的场合。
⑤	伴随着对作业、动作、设计布局等进行改善，再次研究生产线平衡的场合。
⑥	发现表面作业时间的场合。
⑦	通过实施均衡的作业分工，来提高士气的场合。

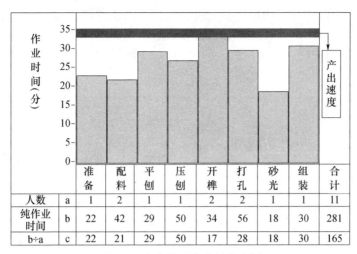

图6-4 生产线平衡分析表事例

		准备	配料	平刨	压刨	开榫	打孔	砂光	组装	合计
人数	a	1	2	1	1	2	2	1	1	11
纯作业时间	b	22	42	29	50	34	56	18	30	281
b÷a	c	22	21	29	50	17	28	18	30	165

2. 生产线平衡的方案

分析并改善生产线平衡的方案包括如下内容，以生产线作业时间值最长的瓶颈工序为对象，缩短作业时间。

（1）关于作业时间长的工序的改善方案。

① 把可以分担的作业分割，分配给其他工序。

② 增加作业人员。

③ 改善作业（动作分析、动作经济原则、机械化、自动化、设备、夹具的选择等）。

④ 配置技术熟练工。

⑤ 准备救援人员，工序的负荷变动多的时候，为整个生产线准备可以援助的人。

（2）关于作业时间短的工序的改善方案。

① 从其他工序移来一部分作业，增加每个人的作业量。

② 把可以分担的作业分割，分配给其他工序，消除此道工序。

6.2.2.6 照明的改善

人和机器不一样，人因为疲劳会导致感官功能下降，作业质量就会参差不齐。改善作业环境是持续创造优良产品质量的重要因素。

（1）使用脚踏板可以在固定位置进行作业，刀具挂在能触手可及的地方，这样就便于取放了。

（2）按照作业的流程放置准备品和产品。在需要补充准备品和产品时，为了能够顺利地在作业流程中取出准备品和产品，以作业台的上下空间为中心进行改善。

（3）工具要尽量地放在一起便于移动。

（4）作业中要进行外观检查。

外观检查很大程度都受荧光灯的照明度影响。无论荧光灯过于明亮还是过于昏暗，眼睛都容易疲劳，这样就不能很好地进行检查。并且，因为产品不同，有时会有很难发现的东西，尽管有的产品需要 2000 勒克斯的照度，但是检查位置的照度一般都为 600 勒克斯。

照度与距离的平方成反比例（图 6-5a）。因为荧光灯的位置被固定，所以不能根据产品的需要进行调整。如图 6-5b 所示，采用了能够调整高度和可以横着移动的荧光灯设备，所以能够彻底实施照明管理。在进行以上的改善活动时，并不是一开始就瞄准了整体，而是从可以改善的部分开始着手实施改善。

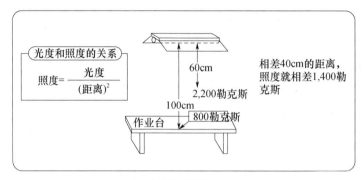

(a) 光度和照度的关系

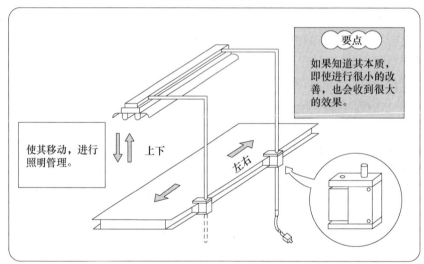

(b) 可变式荧光灯的设置

图 6-5　改善照明

6. 2. 2. 7　连续时间分析

以时间为尺度，将工作量数值化，对各种作业进行时间分析，发现问题点，并加以改善。时间分析是指把某项作业分为细小的要素作业或单位作业，观测、记录这些要素作业或单位作业的时间值，并对其加以分析，可以说是研究和改善作业方法、作业条件、作业环境的手法。

时间分析的种类根据测量时间用的工具大致可以分为秒表法和影片分析法。作为分析，要把现在的作业分为各项要素作业，测定每项要素作业的时间。测定一般运用秒表观察法。随着分析仪器的进步，分析变得逐渐容易了。运用市面上销售的 VTR 照相机就能够做简单分析，可以将分析过程和结果有效地活用到实践中去，见表 6-6。

要素作业的分解要点，见表6-7：

① 明确与其他要素作业的区分。

② 根据目的确定可观测范围和程度。

③ 把相同目的的动作作为一个要素结构。

④ 区分手工作业时间（根据是否受机械的约束来区分手作业）和机械作业时间。

⑤ 区分定数性作业（方法和时间几乎一定）和变数性作业（要素作业的时间因为材料的不同等而发生变化）。

⑥ 区分周期作业和周期外作业。

表6-6　要素作业分析方法

	秒表分析	VTR 分析
①	测定尺度：1/100 分或 1/60 分的刻度在进行 VTR 分析时，不要忘了插入秒	
②	观测次数：进行 3～10 次的连续时间分析	
③	工具	
	观测板、铅笔（H 或 HB）	想办法不要让画面晃动，利用三脚架等
④	观测方法	
	·站在能够看到作业的位置 ·站在不妨碍作业的位置 ·让作业人员的动作部分、秒表和眼睛保持在一条直线上	·明确目的，尽量不要使对象物偏离画面 ·想办法对应难以摄影的对象，如比较宽阔的范围和精密作业等 ·使用 2～3 台 VTR，立体捕捉影像 ·是自动还是手动拍摄

表6-7　观测结果分析时的要点

	秒表分析	VTR 分析
①	向作业人员充分说明观测的目的，请求他们合作以求能得到好的结果	
②	要确认作业的状况以及内容是否正常（在不稳定时，最好避开新上马的作业项目）	
③	要进行数个周期观察直到充分理解作业的内容	
④	要素作业的分区方法	
	要尽可能地区分观测时间	可以在摄影后区分
⑤	记录要素时间的读取时间的方法	
	在观测时作瞬时记录	可以在摄影后区分
⑥	要确定各项要素作业时间的时间代表值（除去异常值求取平均值，用于改善研究）	
⑦	要选择合作性的作业人员和技术熟练的作业人员。特别是在进行 VTR 作业时，作业人员容易意识过度，所以必须注意。	

6.2.2.8　维修保养

如果设备经常发生故障和异常停止，生产就不能顺利进行。要实现自动化，就需要生产线停止使用效率很低的设备。因此，设备的维修保养非常重要。

所谓维修保养是指为了维持设备性能的活动，如对机械的检查、加油、保养、调整等。在维修保养中，包含自主保养、事后保养、预防保养、改良保养等。设备的维修保养一般都由设备维修负责人来实施。在设备发生故障之前，都会发出异常的声音和振动等。

要教育、训练平常与机械设备接触的作业人员，善于抓住这些迹象，基于"自己的机械设备自己来维护"这一想法，对机械设备进行清扫、加油、日常检查等自主保养，这对于成功实施自动化是非常重要的。维修保养的重要性在许多企业都被认可，已经发展成了TPM（全员参加的预防保养活动）。

表 6-8 维修保养的种类

维修保养	内容
事后保养	指设备发生故障后进行修理；设备发生故障后，修理时间过长，其间的生产效率就会降低；在故障发生前后的产品质量低下，有时会造成交货期迟延。
预防保养	指设备发生故障前，早期发现异常状况进行修理；包含日常检查和定期维护等，有望进行自主保养和改善。
改良保养	发生了故障时进行改善。以免再次发生故障，或对设备进行改良使保养和修理变得简单；需要建立在设备发生故障时作业人员能够把握真正的信息的体制。
保养预防	在计划购入新设备的时候，要考虑故障少、持久耐用、容易保养的设备；需要建立在设备发生故障时，作业人员能够把真正的信息传达给设计人员的体制。
TPM（全员参加的预防保养活动）	想要通过对人和设备的体质改善，就要改善企业体制；以前设备发生故障的时候都是交给设备维修人员修理，但是现在要建立起"自己的设备自己来维护"这样一种观念；当然，操作设备的人也必需掌握设备保养的技术；拥有"设备是自己的设备"这一意识，包含对设备进行自主保养、5S管理、微小的改善等自主保养；因为把预防保养的活动扩展到了作业人员，也可以叫做人的体质改善。

6.2.2.9 提高生产质量

1）产品质量是在工序中制造的

产品质量是在工序中制造的这一观点无论在什么企业都被提倡，可是，实际上很多企业在检查时都疏忽了这一点。无论多么努力地去检查，都不会产生附加价值，只不过产生了更大的浪费。

企业应该坚持贯彻"不生产不合格产品"而非"发现不合格产品"，所以一发生问题，机器马上就感知到异常状况而停止生产线，或者作业人员马上停止生产线。停止生产线，期望"能够通过彻底实施对应不合格产品的对策，使不合格产品无限接近为零"。为此，需要引进现场主义解决问题的方法，建立起追踪问题的体质。当产生问题（不合格产品）时，在发生问题的现场，在正在发生的时刻找出问题产生的真正原因，并且加以改善以免问题再次发生。产生了不合格产品时，产生不合格品的现场和时刻是解决问题的好时机，是需要改善的地方（图6-6）。

现场主义解决问题的关键就在于如何抓住现场，迅速采取行动。有时候虽然专家来到了现场，不合格产品的产生原因不见了，再去查找原因是很困难的。

如果能够经常同与不合格产品接触的作业人员一起交流，就能够把问题逐个解决，不合格产品就会无限接近零。

2）产品不合格的调查

为了更系统性地研究此内容，让我们把如图6-7所示的结果（出口）作为产品、把原

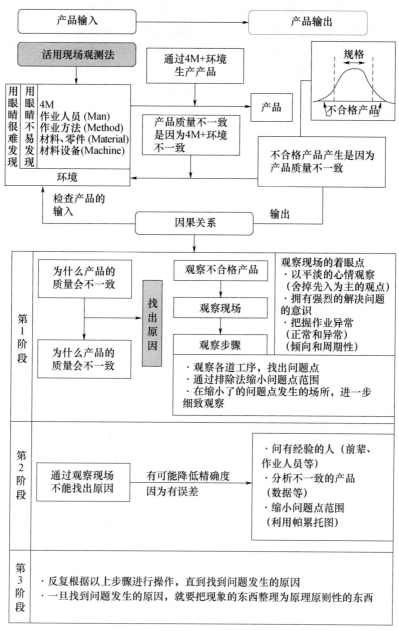

图 6-6　在现场解决问题的考虑方法

因（入口）作为制造条件来考虑一下。"出口处的产品质量不一致"是因为生产产品的入口处的"4M＋环境"不一致。相反，按理说如果相同的作业人员以相同的作业方法，利用相同质量的原材料和零部件以及相同的机械设备，在相同的环境下生产同一种产品，产品质量就不会不一致了。产品之所以会产生差异是因为如下某一种因素引起的（也有可能两种因素同时变化），或是作业人员更换了，或是作业方法改变了，或是原材料和零部件的质量改变了，或是机械设备的运转状况变化了，或是环境变化了。此时，我们应该针对不合格产品，采取相应对策，认真观察和分析残留在现场的证据（不合格产品），追踪探查入口处的哪种因素发生了变化。证明产品不一致的证据不仅包括不合格产品，还需要合格产品。通过比较不合格产品和合格产品，才能知道两者之间的差异，查找出入口处的因素不一致的地方。因为入口处是原因，出口处是结果，所以把查找这两者之间的关系叫做"查找因果关系"。仔细分析合格产品范围，就会发现有些产品与所规定的规格不一致。现场观察是在反复的作业中进行的，要灵活运用现场观察，必须进行查找良好和恶劣状况的不同的教育训练。

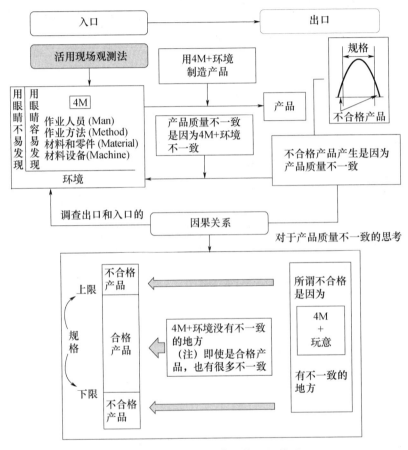

图 6-7　产生不合格产品的因果关系

3）错误的产生及防范措施

不管怎样，现场作业大都是以人为中心来运作的。但是，人无论怎样小心翼翼都难免发生错误。于是，将人类引发的错误抑制到最小限度内，防患于未然这一观点就产生了。关于发生错误的原因，有以下几点：

（1）因疲劳而引起的不小心。

（2）环境（照明管理不充分等）。

（3）不习惯。

（4）联系少引起判断错误。

表6-9　错误或错误预防

原因	事例
不小心 疲劳；生病；精神不稳定；单纯地反复作业	错误集中产生在周一、周二和一周的最初几天，调查一下，发现工作人员在周六、周日和其他休息日，因为尽情游玩而引起过度劳累，到公司上班后，疲劳还没有完全恢复，其间发生了错误。
环境恶劣 照明太暗或过于明亮；噪声；粉尘；高温、湿度太大；寒冷；振动；有气味；有毒气体	在太暗或太亮的照明灯下进行检查，时间一长，检查的精确度就会下降。
不习惯 训练不够；新人；精密作业	作业标准书上规定要在停止机器后进行调整。新人因为工作慢。所以开着机器进行调整，结果被卷入机器里面。
误会 交流不够；没有操作步骤指南；对于误差的认识不够	以电话的形式传达研修的内容，没有接受训练的组织很多时候都会对此产生误解或疑惑，此时会深切认识到没有正确的传达，日常的交流不够。

4）防止错误的方法

人是容易犯错误的动物。尤其是在用五官进行的"官能检查"中，可以说一定会产生错误。有些企业一旦发现有人犯错误，就会在早会上宣布"某某犯错了，希望今后注意"。

对于感兴趣的东西可以集中注意力，但是在很不耐烦地工作时，很难集中注意力。并且，如果脑袋里一直都在为某事担心，也不能将注意力集中到目前的工作上。要提高注意力，就需要发现对象信息，培养随时调节注意力强弱的能力，创造在真正需要的时候能够集中注意力的环境。但是，即使如此，只是凭借注意力（提醒式）还是不够的。有必要实施不让错误产生的规制（规制式）。可以将规制式和提醒式进一步划分为以下3种探测方式。

（1）接触式探测

（2）定数式探测

（3）标准动作异常探测

作为预防错误的对策，很多企业都实施"指向称呼"和"反复强调"。即使采取同样的方式，也会出现有的企业取得了成效，而有的企业没有取得任何成效的结果。究其原因，在于企业是否对员工实施了彻底的教育训练。

6.2.2.10　生产安全

在自动化的前提条件中，还要确保安全，要有"安全优先于一切"的基本思想。有人认为，强化安全生产会阻碍生产率的提高和产品质量的改善。这一观点是非常错误的，因为不考虑安全性就提高生产率是不可能的。人在进行清扫作业时，如果机器设备正在运转，清扫的工具、工作服的边角有可能会被卷入机器的滚筒里；也有人在机器运转的过程中用布擦拭机器表面，不小心把布滑落，慌乱中想把布取回来而被卷入机器里。通常小心谨慎就可以避免此类事故的发生，但是如果慌张，手在瞬间稍微动一下，就会发生事故。在这种场合，就要制订规则，如"在机器运转的过程中不准清扫机器""在机器运转的过程中不准把手伸进机器里"，并且要对员工实施教育训练。人如果能够认清灾害发生的原因，养成遵守规定的习惯，就能够避免灾害。在实施了"自动化"的场合，当发生异常的时候，人如果慌慌张张地采取行动，就有被卷入机器的危险。但是因为"自动化"安装了自动停止装置，所以如果检测到异常状况时，机器就会自动停止。

因为把工作都交给了机器，所以人没有必要进行监视，危险就会减少。这样看来，自动化的自动停止不仅与迅速采取行动解决问题直接相关，而且对于安全生产有很大的作用。

表 6-10　减少错误的方式

项目	内容
哪怕是小事故也不要忽视，要查出其原因，将其彻底清除	海因里希的事故因果法则即"1∶29∶300 法则"（一起重大事故前有 29 起小事故发生；29 起小事故前有 300 个隐患存在）；发现了事故的原因，哪怕是轻微的事故也不要放任不管，要采取相应的解决问题的措施。
养成在事故发生前进行改善的习惯	对于轻微的事故，不要认为"这并不是什么大不了的事"，发现了就提前改善。
建立消除小错误的体制	即使疏忽和迷迷糊糊，也不要发生事故。在危险处贴上"危险"标志的标签，安装"在机器运转过程中手不能伸进危险处"的安全装置。
时时拥有细心作业的意识	需要养成用手指示称呼的意识，同时在早会等会议上不断提醒要时时刻刻留意危险。
提高技能，进行标准化作业	因为经验不足、技术能力不足而引发事故，需要向有经验的人（知道安全有效作业的方法）学习技术能力。制订改善动作的 3MU［Muri（超负荷的人员或设备）、Muda（浪费）、Mura（不均衡）］的作业标准书，提高技术能力。
不要把疲劳带进工作中	休息日产生了疲劳，休息日结束后，不要带着疲劳去工作，注意身体状况的稠节。
重视团队合作精神	要教育那些认为只要自己好就行的人，工作场所的安全需要相互合作。
养成遵守规定的习惯	事故和灾害大多数都是因为不遵守规定而发生的。为了使事故不再发生，必须对员工进行彻底的教育训练，要求他们遵守相关规定。

6.3　准时化在生产中的应用

6.3.1　准时化的定义

准时化是指在需要的时候按照需要的量生产需要的产品供给各个工序。在家具定制生产过程中，通常都是尽力按照计划进行生产，按照交货期发货。如果生产的零件入库过早，就会发生库存的浪费。如果生产的零件入库过迟，又会赶不上交货期。准时化是以"均衡化生产"为前提条件，由"生产的流程化""确定符合需求数量的节拍时间"和"后道工序在必要的时刻到前道工序去领取必要数量的必要品"这三种思想观念组成。

生产的流程化是指在加工组装的时候实施一个流生产，从而使作业流程顺利运行。在运用到装配产业的场合，必须尽可能地进行小批量生产，为此还必须努力缩短更换作业程序的时间。实施流程化是因为设备要按照作业顺序配置，要让一个工人同时控制多道工序，让一个工人同时掌握各种技能（多能工化），要消除各工序之间的滞留，改善作业流程，所以期待通过标准作业实现生产的同时化，并且确定节拍时间（单件产品的生产时间）。按照节拍时间来生产，可以防止生产过剩。后道工序领取是指前道工序只生产后道工序要领取的产品数量。如果按顺序依次排列后道工序，最后的工序是顾客。所以要按照顾客所需要的数量来生产。要实现准时化生产，还要活用生产指示看板、领取看板（搬运看板）。准时化生产是倒过来（从后道工序开始）看生产流程的。

准时化的目的是：①灵活对应需求变化；②消除生产过剩的浪费；③缩短前置时间。

6.3.2 均衡化生产

准时化（Just in time）的前提条件是"均衡化"生产。所谓均衡化是指使产品稳定地平均流动，避免在作业过程中产生不均衡的状态。在工厂通常都要通过负荷累积法来调查生产计划数量所需的工数和生产能力的差。这是因为每一道工序和设备的生产负荷状况（工数和生产设备等能力的平衡）如果参差不齐，就会造成生产的不平均，引起浪费。要尽可能地减少这种不平均的产生也是一种均衡化（图 6-8a）。在图 6-8b 所示的批量生产

① C和E超过生产能力。实施改善或将工数移动到其他工序上。
② E是瓶颈（问题）工序。从这里开始进行改善，将会减少不均衡现象。
③ 减少各生产工序的负荷（工作量）不均衡现象就是均衡化。

(a) 消除了不均衡现象的均衡化

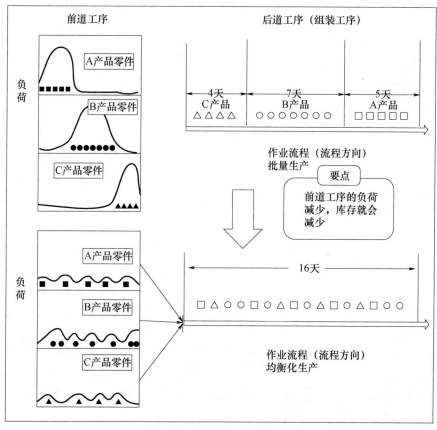

(b) 批量生产和均衡化生产

图 6-8 均衡化的生产工序

中，如果后道工序（组装工序）的生产不均衡，那么最初在生产 A 产品的零件时的前道工序比较繁忙，但是在转移到生产 B 产品的后道工序时又变得空闲。繁忙的时候，前道工序为了满足后道工序负荷要求，要多准备一些机器设备和人力、库存来应付，这样很容易造成浪费。为了避免这种浪费，就要消除后道工序的生产不平衡状态，实行图 6-8b 的"均衡化生产"，这样，前道工序的负荷就会减少、每日平均生产将成为可能。要实现平均化生产，不仅要求数量的平均化，而且要求种类的平均化。但是，顾客所订购的产品数量和种类通常都不是一定的，要灵活对应顾客需求并非易事。这时，我们可以考虑实施均衡化生产，但是要求具有必须提前使生产平衡的各种条件。要使均衡化生产的实施取得成功，还需要有适合企业特点的创意和方案。

6.3.3 生产的流程化

所谓生产的流程化，是一种改变了按照各个流程（工序）单位进行生产的传统思维，而是把生产流程看作是"河流"，以流水线来生产产品的生产方式。仔细研究一下生产流程化，就可以消除各道工序内部、各道工序之间的物资的停滞，实现一个流生产。

要实现生产流程化，必须具备以下条件：

（1）流程化有必要设计一条理想的生产流程（图 6-9）。

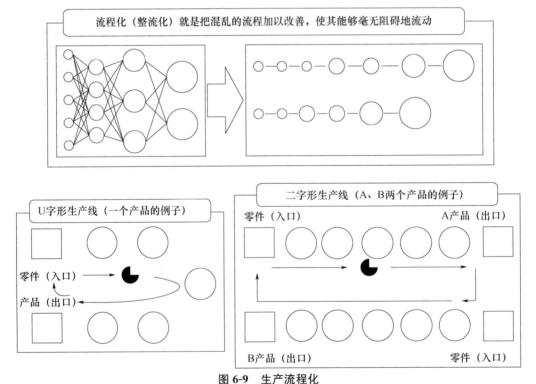

图 6-9　生产流程化

（2）按照生产流程顺序依次排列机器设备，减少运输的浪费。设备的配置要以便于组装生产线的小型化、专用化设备为原则。

（3）为了使未加工品的投入口和完成品的出口无限接近，减少移动的距离，采用"U字形生产线"和"二字形生产线"。

（4）确定流向各道工序的产品品种和产品号，必须改善妨碍均衡化生产的各种问题。

（5）必须把加工、组装、收尾的工序设计成一个流，用装置型等批量生产设备进行小批量生产。因为这样会使更换作业程序的次数增加，所以要缩短更换作业程序的时间。

（6）使各道工序的作业量的速度基本保持一致，以求得生产的同期化。在标准作业中，同期化的速度就是顾客所要求的产品的节拍时间（单件产品生产时间）。

（7）为了能使作业人员同时控制多道工序，要培养多能工。

（8）为了能使作业人员同时控制多道工序，必须站着作业。

（9）为了能够迅速对应在一个流生产过程中发生的问题，要提高生产技术，实现更高程度的流程化。

6.3.4　生产前置时间

生产的前置时间是指从开始着手准备将要生产的产品的原材料到将原材料加工为成品的时间，包括加工时间（增加附加价值的时间）和停滞时间（不增加附加价值的时间）。

关于生产前置时间有很多种模型。大致分一下类，可以分为计划生产和订货生产。前置时间缩短可以加快面向顾客的产品供应速度，更好地满足顾客需求。在公司内部，可以回避风险，提高面对环境变化的应变能力。前置时间与批量生产的多少有关系。批量生产越多，前置时间越长，库存也越多。如图 6-10 所示，在生产同一种产品的情况下，集中批量生产 100 个单位的该产品和生产 1 个单位的该产品时的生产前置时间就存在着很大的差距。在所列举的事例中，为了便于理解，省略了搬运、停滞等伴随着加工而消耗的时间。如果是批量生产，生产一个单位该产品的时间与"一个流生产"方式下生产一个单位该产品的时间是一样的。但是因为是集中生产 100 个单位的产品，所以就必须等剩下的99 个产品生产完毕。在加工中会发生一些不可预期的事情，而搬运等待等各种等待时间也都要计算到生产前置时间里面去。但是，"一个流生产"在原则上不会产生等待时间。在通常状况下，前置时间需要花费更多的时间，在此时间范围内库存量会增加，将会对企业收益造成很大的影响。

6.3.5　一个流生产

我们都知道在批量生产时，会在库存和工时数上产生很多浪费。虽说"均衡化生产"是一种好的生产方式，但是在现实上却不能顺利推行。在那些更换产品品种时不能缩短更换作业程序时间的企业，实施均衡化生产反而会引起生产的混乱。

一个流生产是按照一定的作业顺序，一个一个地加工或组装产品的方法。通过一个流生产，在各工序间所产生的问题和瑕疵都会暴露出来。假如把各道工序间的物流看作河流一样处理，如果河水流速快，就能发现哪里有淤泥，哪里挂住了某些东西。如果将引发这些问题的原因消除掉，河流就会恢复原样畅流无阻。作业也是同样的道理。通过像河流一样的一个流生产，以前所不能发现的问题和瑕疵都会浮出水面。如果提高一个流的作业速度，不仅问题和瑕疵（库存的停滞等）会暴露，那些很难发现的表面作业也会显现出来。一个流生产就是在发现问题、逐一了解问题时，形成可行性的生产线。首先，像图 6-11 一样，通过 P－Q 分析方法，仔细分析产品，找出其存在的问题并加以改善。然后必须把人、方法、机器设备、物，按照一个流的基本思路，建立成一条生产线。

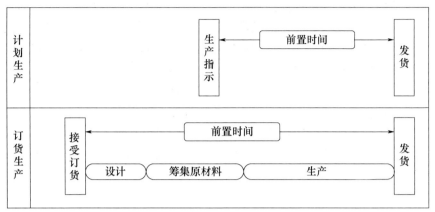

(a) 生产前置时间 (lead time)大致可以分为两类

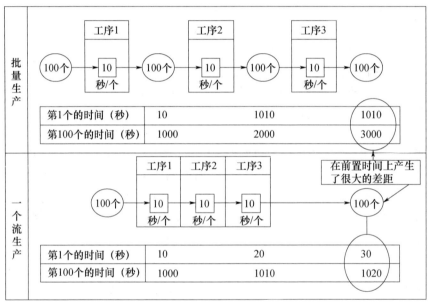

(b) 批量生产和一个流生产的不同

图 6-10　生产的前置时间

6.3.6　生产节拍时间

节拍时间是指生产一个产品所要花费的时间，即作业速度。有效的生产就是要使各道工序的时间尽可能地接近节拍时间。节拍时间的表示方法如下：

节拍时间＝1天的工作时间÷1天的需求量

节拍时间是以顾客所需求的数量为基础。如果顾客每天所需求的产品数量是 400 个，生产的节拍时间就是 49.9 秒，即使再继续生产也只是在增加库存。

继续生产相同的东西，能率是提高了，但是会产生生产过剩这一弊端。如果顾客的需求产品数量减少到每天 200 个，我们就要在完成 200 个任务后停止生产，去做其他的工作或者是减少各道工序的作业人员来延长节拍时间。降低作业速度会使扎根于提高生产效率的企业体质恶化，所以必须避免。设定了节拍时间后，接着再根据现有的实力来确定作业

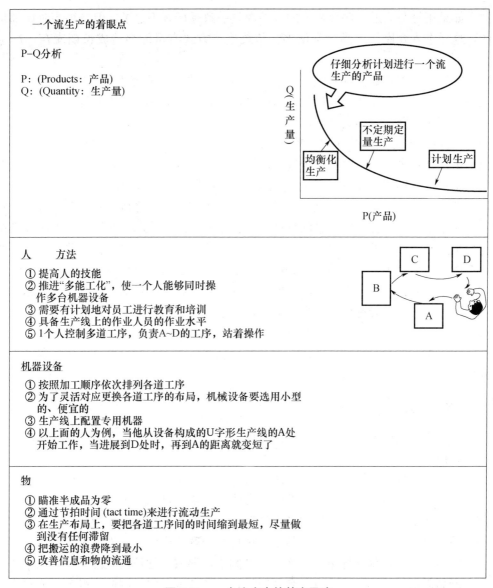

图 6-11　一个流生产的基本思路

速度和工作量的分配。但是，每个人都在作业熟练度上存在着差异。这就要制订以技术熟练工为基准的作业标准书，对作业人员进行彻底的教育训练。而且，去发现各道工序中的浪费和持续进行改善活动是很重要的。对于产品的不合格率，有必要研究、商讨检查不合格率的方法和消灭不合格品的技术。

6.3.7　后道工序领取

　　所谓后道工序领取是指前道工序生产后道工序所要领取的产品和数量。传统的生产方式（被称作推动式生产方式）都是由前道工序的生产状况来推动生产，这样会产生中间品存放、空间、搬运等浪费。传统的生产方式都是在前道工序生产好零件以后，将其拿到后道工序进行进一步的加工。如果前道工序在机械设备和人力上有余力，就会不断地生产很多零件。如果正好与后道工序所需要的零件数量一致是最好不过了，但是很多时候都是不一致的，这样进入仓库的产品就会增多。传统生产方式有可能会造成长期库存，产生死藏品。

后道工序在加工零部件的时候，根据实际需要的数量从前道工序中领取，也就是说，前道工序只生产后道工序所要领取的产品或零件。如果采取这种方式进行生产，就不会生产出多余的产品，因此就不会产生浪费。

1）传统的生产方式（推动式生产方式）

根据生产计划来筹集原材料、配置生产能力（人、方法、机械设备）和生产环境，在顾客所期望的交货期之前交货。在生产计划的指示阶段购入了原材料，如果到了生产确立的阶段，需要变更计划，那么购进的原材料等就会变成库存，之后如果没有人订货，就会变为死藏品。在生产过程中，信息的流动一般都先于产品的流动，所以各道工序都是按照计划进行生产。当然，随着工序的进展，产品也就依次被推往后道工序。并且，在生产过程中，考虑到因为有不合格产品产生和检查时不合格所引起的原材料利用率下降、机械设备故障等因素，就会产生过多生产的倾向。计划变更内容越多，引起产品的浪费越多，还会因为生产计划的调整等造成工时数的浪费。

2）后道工序领取方式

在小的单位，信息一流动，产品马上会继信息之后流动，所以可以迅速采取措施对应计划和生产变更，这样浪费就会减少。

6.3.8 看板方式

为了进行准时化生产，就要实施后道工序领取方式（又叫拉动式生产方式），此时就要使用"看板"这种管理工具。

看板方式是一种信息传达方式，利用看板可以传达生产信息，它能够把产品的生产和流动有效地结合为一体，是非常重要的管理方法。传统的推动式生产方式都是信息流动在先，前道工序所生产出来的产品逐次被推往后道工序。采用后道工序领取方式，看板和产品几乎是同时变动。组装零件工序只是组装销售给顾客的产品，零件加工工序加工组装工序所需要的零件数量，像这样依次向前道工序倒推，形成一种拉动式的格局。在这样一种方式下，产品需求一产生，其信息就会及时地传达到各道工序，因此可以灵活地对应生产计划的变更，避免浪费的产生。

表6-11 "看板"的目的

①提高产品质量	在需要的时候按照需要数量传达所需要的产品信息，绝不允许发生错误。一旦发生错误，必须马上更正。
②改善作业的工具	"看板"是目视管理的工具，把"看板"和产品结合在一起，一看就能看到产品名称、产品号、产品数量等。在有"看板"的工序上停止了记录或没有任何记录，这就是作业在某处停滞的证据。通过观察这种停滞状况，就能明白作业的进展状况，从而明确生产现场需要改善的地方。
③降低库存根据	通过"看板"的数量，可以把握库存数量，"看板"多库存就会多。努力减少"看板"可以降低库存，抑制生产过剩引起的浪费。

参考文献

［1］张求慧，钱桦．家具材料学［M］．北京：中国林业出版社，2012.

［2］刘强．现代家具设计开发与制造、涂装、装配新工艺新技术及质量检验标准规范实用手册［M］．北京：北方工业出版社，2006.

［3］徐望霓．家具设计基础［M］．上海：上海人民美术出版社，2014.

［4］吴智慧．木质家具制造工艺学［M］．北京：中国林业出版社，2012.

［5］关惠元．现代家具结构讲座 第一讲：现代实木家具结构——接合方法与技术要求［J］．家具，2007，155（1）.

［6］关惠元．现代家具结构讲座 第四讲：板式家具结构——五金连接件及应用［J］．家具．2007，159（4）.

［7］关惠元．现代家具结构讲座 第六讲：非木质家具结构［J］．家具，2007，161（6）.

［8］王先逵，机械制造工艺学［M］，北京：机械工业出版社，2015.

［9］郑修本，机械制造工艺学［M］，北京：机械工业出版社，2013

［10］陈红霞，机械制造工艺学［M］，北京：北京大学出版社，2010

［11］吴智慧．木质家具制造工艺学［M］．北京：中国林业出版社，2012.

［12］顾炼百，木材加工工艺学［M］，北京：中国林业出版社，2003.

［13］华楚生．机械制造技术基础［M］．重庆：重庆大学出版社，2007.

［14］周琴．加工误差产生的原因及分析［J］．现代机械，2011（2）.

［15］韩变枝．基于能力培养的"机械制造技术基础"教学改革［J］．太原理工大学学报（社会科学版），2011，29（1）：86-88.

［16］方开泰．实用多元统计分析［M］．上海：华东师范大学出版社，1989.

［17］S. Weisberg. APPLIED LINEAR REGRESSION［M］．王静龙等译．北京：中国统计出版社，1998.

［18］李书和．数控机床热误差的建模与预补偿［J］．计量学报，1999，20（1）：49-52.

［19］宾鸿赞．机械制造过程的计算机控制［M］．武汉：华中理工大学出版社，1987.

［20］侯志楠．影响机械加工精度的集中因素及其相关对策研究［J］．教育教学论坛，2010（18）.

［21］杜馨．影响机械加工精度因素浅析［J］．科技信息，2008（24）.

［22］侯毅红．影响机械加工精度因素浅析［J］．魅力中国，2010（28）.

［23］王涛，张燕，樊军庆，武涛．加工误差统计分析［J］．农业机械，2008，26：70-72.

［24］姚嘉鑫．浅析机械加工精度的影响因素及提高措施［J］．中国新技术新产品，2011.

［25］于阳．机械加工精度的影响因素及提高加工精度的途径［J］．现代制造技术与装备，2014.

［26］周刚，文怀兴．基于数字千分尺的零件加工的误差统计分析［J］．轻工机械，2004，4：86-88.

［27］吕凤翥．C++语言基础教程［M］．北京：清华大学出版社，2001.

［28］胡峪，刘静．Visual C++编程技巧与示例［M］．西安：西安电子科技大学出版社，2000.

［29］李德志，刘启海．计算机数值方法引论［M］．西安：西北大学出版社，1993.

［30］曹上秋．曲木家具造型艺术设计与模块化设计的探讨［D］．长沙：中南林学院，2005.

［31］吴智慧．木家具制造工艺学［M］．北京：中国林业出版社，2012.

［32］母军．木质包装材料学［M］．北京：文化发展出版社，2014.

［33］张璧光，高建民，伊松林，等．实用木材干燥技术［M］．北京：化工出版社，2005.

[34] 刘一星，赵广杰．木质资源材料学［M］．北京：中国林业出版社，2004.

[35] 高建民，陈广元，蔡英春，等．木材干燥学［M］．北京：科学出版社，2008.

[36] 孙春荣．"90/70"政策下小户型设计研究［D］．杨凌：西北农林科技大学，2009，5.

[37] 廉学勇．论中小户型城市住宅及其优化设计［D］．天津：天津大学建筑学院，2008，2.

[38] 杨珊．家装业定制家具设计模式研究［D］．长沙：中南林业科技大学，2011，6.

[39] 黄丽芳．基于先进制造技术的大规模定制家具开发和生产解决方案研究［D］．昆明：昆明理工大学，2011，6.

[40] 叶芳．大规模定制家具设计方法研究［D］．昆明：昆明理工大学，2012，4.

[41] 刘伟，张月明．面向 MC 个性化家具柔性设计制造系统关键技术研究［J］．软件，2013，34（11）：83-85.

[42] 熊先青．大规模定制家具客户关系管理构建与应用［J］．林业科技开发，2015，29（3）.

[43] 苟尤钊．尚品宅配 VS 索菲亚私人定制的深浅［N］．商界评论，2014.

[44] 陈敏．O2O 定制家具设计模式研究［D］．长沙：中南林业科技大学，2015，6.

[45] 黄瑞国．大数据技术在电子商务 C2B 模式中的应用分析［J］．电脑知识与技术，2015，2.

[46] 埃尔文·托夫勒（Awin Toffler）．未来的冲击［M］．北京：中信出版社，1970.

[47] Stan Davis. Future Perfect［M］. New York：American management association，1997.

[48] 李文生．大数据技术在电子商务 C2B 模式中的应用分析［J］．科学导报，2015（15）.

[49] 林海．家具模块化设计方法实例分析［J］．家具与室内装饰，2005，9：20-22.

[50] 曾鸣，宋斐．C2B——互联网时代的新商业模式［J］．哈弗商业评论，2013，2：78-79.

[51] Y. H. Chen，Y. Z. Wang，M. H. Wong. A web-based fuzzy mass customization system［J］. Journal of Manufacturing Systems，2001，204.

[52] Lihra T，Buehlmann U，Beauregard R. Mass Customization of wood furniture as a competitive strategy［J］. International Journal of Mass Customization，2008，200-215.

[53] Xinsheng Xu，Xizhu Tao，Dan Li. Generating NC program based on template for mass customization product［J］. Assembly Automation，2012，323.

[54] Alvin Toffler. FutureShock［M］. Bantanm：Arrangement with random house. Inc. 1984.

[55] SaraColautti. Ups and downs. Trend of Product segments in2003［J］. World Furniture，2003（1）：17-21.

[56] 杨星．从宏观调控看中小户型的发展趋势［J］．中国房地产信息，2006（12）.

[57] 余娜．中小户型住宅需求及设计研究［D］．天津：天津大学，2008，5.

[58] 杨铮，秦丽．关于我国家庭住宅中储藏空间设计的一点思考［J］．中国住宅设施，2010（10）：32-35.

[59] 林金灯．小户型住宅室内收纳空间设计剖析［J］．建筑与规划设计，2016（3）.

[60] 蒋玉婷．小户型住宅户内空间设计初探［D］．武汉：华中科技大学，2008，6.

[61] 曾虎．小户型住宅多样性空间设计策略研究［D］．武汉：武汉理工大学，2009，6.

[62] 王玮龙．小户型居住空间弹性设计研究［D］．大连：大连理工大学，2013，6.

[63] 刘贵文．我国家庭适宜居住面积研究［J］．住宅科技，2007（2）.

[64] 窦以德．关于中小型住宅产品设计技术路线的探讨［N］．建筑学报，2007（4）：1-3.

[65] 黄炎．圆方软件成功拓展国际市场［J］．家具与室内装饰，2007（4）.

[66] 牛禄青．C2B 定制引领消费新常态［J］．新经济导刊，2015（2）.

[67] 圆方软件官方网站［DB］．http：//www. yfway. com/index. html.

[68] 彭腾．专业拆单、排料、设备对接解决方案［DB］．http：//www. shf. cn/? action-viewthread-tid-402127.

［69］国务院办公厅．国务院办公厅转发建设部等部门关于调整住房供应结构稳定住房价格意见的通知［J］．中国房地产，2006（7）：4-6.

［70］中国制造2025［OL］．http：//www.gov.cn/zhengce/content/2015-05/19/content_9784.htm.

［71］行淑敏，徐雪梅，陈健敏．大规模定制家具设计流程初探［J］．家具与室内装饰，2004（2）：20-22.

［72］卓泳．未来定制家具市场发展趋势分析［J］．中国行业研究网，2013（7）.

［73］蔡文欢，陈于书．品牌家具企业O2O电子商务模式应用状况探析［J］．家具与室内装饰，2013（2）：22-23.

［74］熊先青，吴智慧．大规模定制家具的发展现状及应用技术［J］．南京林业大学学报，2013，37（4）：157-162.

［75］郁舒兰，吴智慧．家具产品协同定制数字化设计关键技术的研究［J］．制造业自动化，2010，31（13）：62-65.

［76］曾鸣，宋斐．C2B——互联网时代的新商业模式［J］．哈佛商业评论，2013（2）：78-79.

［77］Lihra T，Buehlmann U，Graf R. Customer preferences for customized household furniture［J］. Journal of Forest Economics，2012，18（2）：94-112.

［78］JanWiedenbeck，Jeff Parsons. Digital technology use by companies in the furniture，cabinet，architectural millwork，and related industries［J］. Forest Products Journal，2010，60（1）：78-85.

［79］曹平祥，王福辕．板式家具数字化制造技术浅谈［J］．木材工业，2013（27）：35-38.

［80］Tom Burke. The informationage［J］. FDM，1998，7.

［81］Jiao J，Ma Q，Tseng M M. Towards high value－added products and services：mass customization and beyond［J］. Technovation，2003，23（10）：809－821.

［82］钟振亚．家具产品设计标准化与生产效率的研究［J］．家具与室内装饰，2005，（8）.

［83］吴智慧．日本现代家具工业发展概况［J］．国外林产工业文摘，2000，5：4-10.

［84］Jegatheswaran．日本——亚洲自动化的先锋［J］．世界林业研究，1998（1）.

［85］吴智慧．信息经济时代的家具先进制造技术［J］．家具，2003（2）：13-16.

［86］王双科，肖伟红．家具企业的信息化系统第一讲——制造信息化系统概况［J］．家具，2012（1）：111-114.

［87］王双科，肖伟红．家具企业的信息化系统第二讲——家具产品开发的信息化［J］．家具，2012（3）：110-113.

［88］朱剑刚．面向大规模定制的家具数字化设计技术［J］.2011，25（3）：30-33.

［89］丁正星．板式家具数字化制造数据库建立与应用的研究［D］．南京：南京林业大学，2014.

［90］王豹文．板式家具数字化设计与制造技术研究［D］．南京：南京林业大学，2014.

［91］熊先青，魏亚娜，方露，等．大规模定制家具快速响应机制及关键技术的研究［J］．林产工业，2016，43（1）：47-52.

［92］杨文嘉．关于维尚工厂走向数字化生产的思考［J］．家具，2013（34）：5-9.

［93］吴智慧．木家具制造工艺学［M］．北京：中国林业出版社，2012，12：40-149.

［94］陈绍文．从管理的角度看数字化制造［J］.CAD/CAM与制造业信息化，2010（4）：25-30.

［95］郁舒兰．基于大规模定制的橱柜产品族设计技术研究［D］．南京：南京林业大学，2011.

［96］郁舒兰，吴智慧．家具产品协同定制数字化设计关键技术的研究［J］．制造业自动化，2010，31（13）：62-65.

［97］Naken Wongvasu. Methodologies for providing rapid and effective response to request for quotation（RFQ）of mass customization products［D］. Boston：Northeastern University，2001.

［98］朱健刚．中国家具制造业信息化与竞争力提升［D］．南京：南京林业大学，2004.

［99］杨海波．当代中国与芬兰人性化家具设计比较研究［D］．济南：山东大学，2008.

［100］濮安国．领略中国传统红木家具文化魅力——2015 洛杉矶艺术博览会红木展圆桌对话摘录［N］．中国文化报，2015（1）.

［101］李健林．生活方式的变迁对我国家具功能形态的影响研究——以桌案类家具为例［D］．长沙：中南林业科技大学，2011.

［102］王世襄．明式家具研究［M］．北京：生活·读书·新知三联书店，2013：106-365.

［103］赵国威．对明式家具文化意蕴的几点思考［J］．艺术科技，2013，5：249-251.

［104］吕九芳．明清古旧家具及其修复与保护的探究［D］．南京：南京林业大学，2006.

［105］李雨红．中外家具发展史［M］．哈尔滨：东北林业大学出版社，2000：40-41.

［106］王月磊．从文化多元性的角度探讨中国传统家具的传承与发展［A］．包装工程，2011：127-130.

［107］邱志涛．明式家具的科学性与价值观研究［D］．南京：南京林业大学，2006.

［108］Spark Penny. An Introduction to Design and Culture in Twentieth Century［J］．Allen&Unwin，1986.

［109］梁勇．设计是灵魂 创新是动力［J］．纺织导报，2001，2：40.

［110］Edward Lucie，Smith，Furniture. A Concise History［J］．Thames and Hudson Led. London，1987.

［111］张洵．传统家具结构在现代材料和工艺中的探索［D］．无锡：江南大学，2007.

［112］明文文．创意产业背景下中国古典家具产业的发展研究［D］．济南：山东大学，2010.

［113］Ratnasingam J，Ioras F，Abrudan I V. An evaluation of occupational accidents in the wooden furniture industry – A regional study in South East Asia［J］．Safety Science，2012，50（5）：1191.

［114］Zheng L，Liang S Y. Transaction of ASME［J］．Journal of Manufacturing Science and Engineering，1998，120（2）：53-59.

［115］郑力．数字化加工过程：概念、结构及其应用［J］．中国机械工程，1999，10（9）：1060-1062.

［116］JanWiedenbeck，Jeff Parsons. Digital technology use by companies in the furniture，cabinet，architectural millwork，and related industries［J］．Forest Products Journal，2010，60（1）：78-85.

［117］韩立全．论数控技术的发展方向与趋势［J］．数字技术与应用，2011，11：1-1.

［118］李黎．家具及木工机械［M］．北京：中国林业出版社，2002：51-93.

［119］吴智慧．木制家具制造工艺学［M］．北京：中国林业出版社，2004：82-167.

［120］牛晓霆．清代宫廷建筑、家具烫蜡技术及其优化研究［D］．哈尔滨：东北林业大学，2013.

［121］陈怀宝．浅谈数控机床维护与保养［J］．科技资讯，2011，33：39-39.

［122］孙万辉．数控机床前端控制的交互系统设计及硬件实现［D］．沈阳：东北大学，2009.

［123］黄丽芳．基于先进制造技术的大规模定制家具开发和生产解决方案的研究［D］．昆明：昆明理工大学，2011.

［124］佃律志著，滕永红译。图解丰田生产方式：图例解说生产实务［M］．北京：东方出版社，2006.